U0173896

中国民族服饰白描 2200 例

孔令生　编绘

云南出版集团

云南美术出版社

图书在版编目（CIP）数据

中国民族服饰白描 2200 例 / 孔令生编绘． -- 昆明：
云南美术出版社，2021.3
ISBN 978-7-5489-4398-3

Ⅰ．①中… Ⅱ．①孔… Ⅲ．①少数民族－民族服饰－
中国－图集 Ⅳ．① TS941.742.8-64

中国版本图书馆 CIP 数据核字（2021）第 043665 号

出 版 人：刘大伟

责任编辑：庞　宇　张　蓉
装帧设计：张　蓉　庞　宇
责任校对：赵　婧　张湘柱　刁正勇

中国民族服饰白描 2200 例

孔令生 编绘

出版发行：云南出版集团
　　　　　云南美术出版社（昆明市环城西路609号）
印　　装：云南出版印刷集团有限责任公司华印分公司
开　　本：889mm×1194mm　1/16
印　　张：30
字　　数：220千字
印　　数：1～800册
版　　次：2022年6月第1版
印　　次：2022年6月第1次印刷
书　　号：ISBN 978-7-5489-4398-3
定　　价：198.00元

前　言

　　衣冠即服饰，是识别一个民族的标志。中国地域辽阔，民族众多，56 个民族创造了绚丽多彩的服饰文化。

　　本书以白描写实形式，精心绘出了中国 56 个民族的服饰 2200 例（含 2002 年出版的《中华民族服饰 900 例》），历时 16 年。透过本书可感受到各民族衣冠服饰的古朴、粗犷、精美，以及原生态民族服饰文化的厚重与博大精深；为读者提供了翔实、丰富多彩的民族衣冠服饰资料；为已经消失或正在消失的民族衣冠服饰留下了一份历史档案。

　　民族服饰文化是一种人类精神财富的载体，是一种非物质文化遗产。

　　本书图文并茂，对中国 56 个民族的服饰文化与自然环境、民族历史、生活习俗、宗教信仰、神话传说、审美观念等的关系，做了初步研究、阐述和探讨，具有较高的学术价值和审美品位。

　　本书是一份值得收藏、研究、学习、借鉴的珍贵资料。

作者简介

孔令生，1939 年出生于贵州毕节，祖籍山东曲阜。美术家、副编审。17 岁进入云南新闻与出版传媒行业。从艺 60 年，编辑出版大量书画美术作品；画风严谨朴实，抒情优美，融汇各种绘画语言流派。从 20 世纪 50 年代至今，发表作品数以千计。

主要作品有《西双版纳密林中》《葫芦信》《中国民族服饰白描 2200 例》《中国少数民族绘本》《孔令生画集》《画梦人生 边疆往事》。

目　录

汉族

　　汉族是中国人口最多、分布最广的民族。全国均有分布，主要集中在松辽平原及黄河、长江、珠江流域等地区。

　　汉族服饰丰富多彩，随着时代变迁而不断变革。在样式上主要有上衣下裳和衣裳连属两种基本形制。大襟右衽是其服装始终保留的鲜明特点。男女多穿对襟或斜襟上衣和长裤。妇女服饰更是多姿多彩，从笄簪绾髻到雍容华贵，不断吸收中华各民族之长，继承传统，与时俱进；从繁华瑰丽到简约时尚，勇于创新，最为光彩夺目。服饰纹样多采用动物、植物和几何图案。黄色曾长期视为尊贵的颜色，龙、凤、孔雀和花卉在服饰上广泛使用。

古典人物头饰（永乐宫壁画）

古典人物头饰（永乐宫壁画）

中国古代思想家、教育家孔子像

汉族女子古典头饰

汉族男子戏剧舞台头饰　　　　　汉族男子古典头饰　　　　　汉族少女古典头饰

汉族女子戏剧舞台头饰

汉族女子绒球珠宝头饰

汉族女子戏剧舞台头饰　　　　　　汉族男子戏剧舞台头饰

汉族姑娘唐装服饰

汉族男子戏剧舞台头饰　　　　　　汉族女子戏剧舞台头饰

清末民初汉族女子头饰　　　　20世纪60年代女青年工人头饰　　　　清末民初汉族男子长辫子头饰

20世纪40年代男子头饰

20世纪30年代汉族姑娘头饰

20世纪中期汉族姑娘头饰

汉族老人服饰

汉族女孩服饰

汉族老年妇女渔网式头饰
（福建 泉州 惠安）

20 世纪 60 年代汉族女青年服饰

20 世纪 60 年代汉族男子服饰

汉族妇女独特的船型发髻
（福建 莆田 秀屿 湄洲岛）

汉族老年妇女头饰
（福建 泉州 惠安）

汉族女子花帽披巾服饰
（台湾沿海）

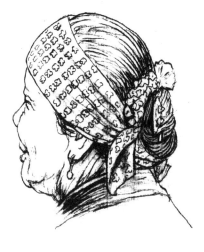

汉族老人花巾头饰（福建 泉州 惠安）

汉族老人传统服饰

扎花巾的汉族老人
发髻上插着鲜花和金簪（福建）

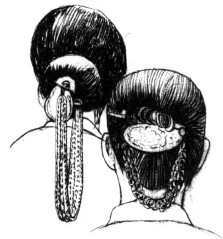

汉族女子的银链头饰

汉族惠安女服饰
（福建）

汉族女子时尚头饰

汉族女子日常头饰

汉族女子头饰

汉族女子刘海长发头饰

汉族青年女子头饰
琥珀色珠串

汉族青年女子头饰
紫色边镶金耳坠

汉族妇女头饰

汉族姑娘双辫头饰

珠光宝气的汉族女子头饰

汉族女子时尚头饰

汉族少女服饰

汉族妇女时尚服饰

汉族女孩头饰

汉族姑娘珠宝镶嵌的头饰

汉族女子婚纱头饰

汉族女子头饰

模特时尚头饰

汉族女孩时尚头饰

汉族妇女时尚头饰

汉族女子头饰

汉族女孩时尚头饰

模特时尚头饰

汉族女子唐装服饰
红衣、金黄、白条纹

模特花卉头饰

模特花卉头饰

汉族妇女唐装时尚服饰

汉族妇女头饰

汉族京剧演员头饰

汉族新娘婚纱头饰

汉族新娘婚纱服饰

汉族女子婚纱头饰

时装模特头饰　　　　　模特时尚头饰　　　　　汉族女子时尚头饰

汉族姑娘时尚头饰

汉族少女时尚头饰

文身女子头饰

汉族老汉毛巾头饰　　　　　汉族老汉日常头饰　　　　　汉族青年男子头饰

汉族女子头饰　　　　　空姐头饰　　　　　20 世纪 60 年代汉族老汉日常服饰

汉族青年男子头饰　　　　　硕士研究生毕业头饰

汉族妇女节日头饰（福建 泉州 惠安 大岞村）

汉族妇女节日头饰（福建 泉州 惠安）

汉族女孩白色头饰
（四川 凉山 盐源）
泸沽湖边的汉族服饰和习俗仍保留着清代遗风。

汉族女斗笠服饰（福建 泉州 惠安）

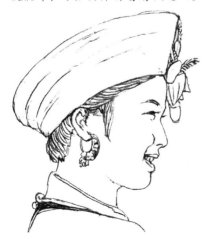

汉族女子头饰（云南 德宏 陇川）

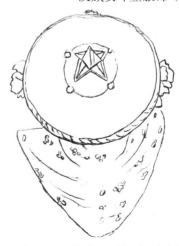

汉族女子头饰背面（福建 泉州 惠安）

"变脸"人物头饰

戏剧舞台人物头饰

戏剧舞台人物头饰

汉族妇女节日头饰（福建 泉州 惠安）

汉族女子婚纱服饰

泸沽湖边的汉族妇女服饰（四川 凉山 盐源 长柏镇）

汉族男子节日头饰（北方地区）

汉族妇女盛装头饰（福建 泉州 惠安）　　　汉族妇女头饰　　　　　汉族女子服饰

 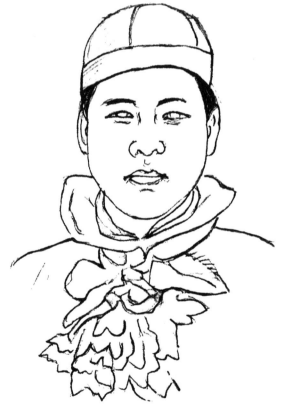

汉族客家人男子头饰

汉族男青年服饰

汉族男子瓜皮帽头饰

汉族旗袍

江浙地区汉族妇女服饰

汉族女子服饰（福建 泉州 惠安）

汉族模特服饰

现代汉族女子服饰

汉族男女服饰（陕甘宁地区）

汉族女子服饰

20世纪20—30年代汉族妇女服饰

汉族女子服饰

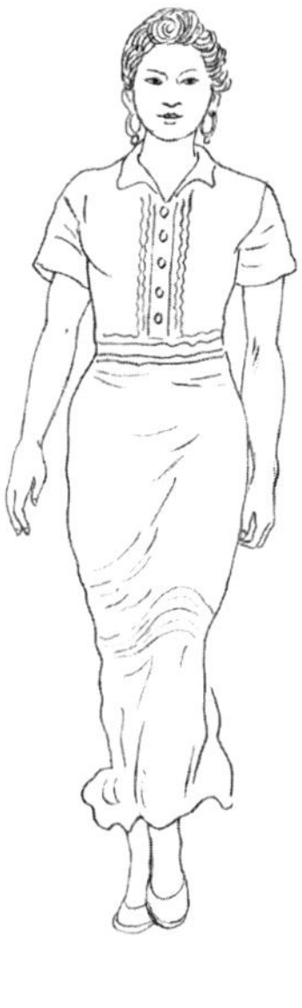

汉族服饰

20世纪50年代汉族服饰

20世纪20—50年代汉族服饰

20 世纪 50 年代汉族妇女旗袍
（上海）

汉族女子服饰

汉族姑娘服饰

汉族男子服饰

20 世纪 20—50 年代汉族服饰

汉族妇女服饰

20 世纪 50 年代汉族服饰

汉族女服饰（福建）

20 世纪 50 年代汉族服饰

汉族女子旗袍

汉族采茶舞服饰

汉族荷花舞服饰

壮族

壮族是我国人口最多的少数民族，主要聚居在广西壮族自治区，其余分布在云南文山、广东连山、贵州从江、湖南江华等地。

壮族服饰，妇女衣着朴素，色调以青、蓝、紫、白为主。多穿无领右衽、绣滚边上衣和滚边宽脚裤，钉银珠大扣；有的穿上齐膝的对襟窄袖衣、衬胸巾，围短褶裙，系腰带，裹绑腿；有的着宽袖大襟，长裙过膝。女子头饰喜作椎髻或鬅髻发式，头上挂满各种造型的吉祥物、凤钗和服饰。有的用绣满花纹图案的壮锦作包头。黑衣壮崇尚黑色，女子挽发髻，髻后缀银花彩珠，加戴黑布 M 形大头巾，颈饰银圈、银链，庄重而富丽。壮族男子多穿青布对襟上衣，用色布包头，尾端留少许刺绣图案。

黑衣壮族妇女头饰（广西）

壮族姑娘格子壮锦包头
留竖角为头饰（云南 文山 广南）

壮族姑娘头饰

壮族妇女古典头饰
（云南 红河 元阳）
头饰由银盘、银泡、银鸟、彩缨、白线、银项链组成。

壮族妇女日常头饰 （广西）

壮族姑娘头饰 （云南 文山 马关）　　　　壮族少女头饰 （云南）　　　　壮族妇女的高头帕（云南）

壮族姑娘玫瑰红穗银铃头饰
（云南 文山 马关）

壮族儿童头饰（云南）

壮族儿童童帽背面

戴米黄头巾的壮族妇女
（广西）

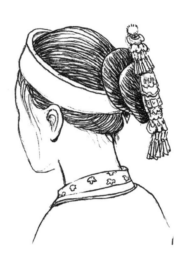

壮族姑娘发髻银鱼坠头饰
（云南 文山）

壮族妇女日常头饰
（云南 文山）

壮族妇女传统头饰
（云南）

壮族妇女传统头饰
（云南 文山 丘北）

壮族妇女传统头饰
（云南 文山 马关）

壮族妇女头饰

壮族姑娘头饰背面

壮族妇女头饰

壮族妇女头饰

壮族女子头饰

壮族老人头饰

壮族少女头饰

壮族女子粉红色包头
（云南 文山 广南）

黑衣壮族妇女服饰（广西）

壮族妇女服饰（左云南，右广西）

壮族男女服饰

壮族青年服饰（左云南，右广西）

壮族妇女传统服饰

壮族妇女儿童传统服饰

壮族女子传统服饰（广西）

壮族妇女传统服饰（云南 文山 富宁）

壮族妇女传统服饰　　　　壮族女子服饰（广西）　　　壮族妇女传统服饰（云南）

壮族妇女服饰

壮族男女传统服饰（云南）

满族

满族是我国北方的少数民族，主要聚居在辽宁、吉林、黑龙江、河北、北京等省市，全国各地也都有少量分布。

满族服饰庄重华贵。妇女穿宽大的旗袍、绣花鞋或高底木屐，头发在头顶盘髻，佩戴耳饰。节日或婚礼戴传统扇形高冠帽。冠帽用黑绒缎制成，上面缀以金银花卉和银簪珠玉，端庄秀丽。男子喜穿马蹄袖袍褂，两侧开衩，束腰带，穿长筒靴。头饰"蓄发束辫"，从头顶后半部把长辫垂于脑后背。如今，除舞台、影视中仍可见满族传统头饰，现实生活中已经消失、或难以见到。而满族妇女穿的旗袍，早已流行演变成为经典服饰中国旗袍。

满族妇女传统头饰

满族姑娘头饰

满族姑娘传统头饰

满族女子头饰

满族姑娘服饰

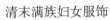

清末满族妇女服饰

满族妇女传统服饰

满族王公贵族服饰

慈禧太后头饰

皇妃头饰

满族女子传统头饰

满族妇女传统头饰

皇妃头饰

宫廷贵族头饰

○满族

皇贵妃头饰

满族新娘红巾头饰

迎亲队伍到女方家后，娘家哥
哥抱小妹上轿，简称"抱轿"。

满族新娘和伴娘头饰

满族传统婚礼，新娘踏着红地毯胸挂铜镜，怀抱一对宝瓶，步入新家。

满族妇女传统头饰

满族姑娘传统头饰

满族女子头饰

满族妇女头饰

清朝末代皇帝溥仪头饰

影视中满族皇帝头饰

影视中满族王公贵族头饰

满族王公贵族头饰

满族女子传统头饰

满族男子传统头饰

满族官员头饰

满族舞蹈服饰

满族传统服饰

满族舞蹈服饰

满族传统服饰

满族妇女传统头饰

满族女子传统服饰

回族

　　回族是我国西北地区人口较多的少数民族，主要聚居在宁夏回族自治区，以及甘肃、青海、新疆等省区，其余散居全国各地。

　　回族服饰崇尚白色，服饰简洁、色彩明快。回族妇女一般都戴披肩"盖头"，"盖头"大都用柔软的纱绸制成。少女一般用绿色，中年妇女用黑色，老年妇女用白色，"盖头"有明显的年龄差别。回族男子普遍戴无檐小白帽，也称"号帽"，它是回族男性的装饰和民族标志。

回族女子白巾彩珠头饰（云南）

回族姑娘头饰（四川）

回族女子节日头饰

回族少女头饰（宁夏）

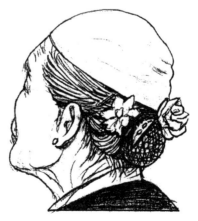

回族老人头饰
（福建 泉州）
戴礼帽，发髻上插着鲜花和金簪饰。

回族纹线头帕头饰（云南）

回族妇女头饰（贵州）

回族女子黑白头饰（贵州）

回族妇女日常头饰

回族妇女头饰

回族妇女头饰

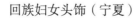

回族妇女头饰（宁夏）

回族女孩头饰

回族姑娘头饰（新疆）

　　红衣，蓝围腰秀红花，淡蓝叶，头饰金黄色、白色花卉。

回族女子花巾头饰

回族男子白帽头饰

回族姑娘日常头饰（宁夏）

回族男子日常头饰

回族儿童头饰

回族青年头饰

回族老人日常头饰

回族青年头饰

回族老人头饰

回族老人头饰

回族老人头饰

回族服饰（云南）

回族服饰（云南）

回族女子服饰

回族女子节日服饰

回族女子服饰（贵州）

回族男子服饰

回族服饰

回族少女白帽绿巾头饰（甘肃 甘南 临潭）

回族女子服饰（宁夏）

回族男子服饰（宁夏）

苗族

　　苗族是我国西南地区的少数民族，主要聚居在贵州、云南、湖南三省，其余分布在广西、四川、湖北等地。

　　苗族服饰，男子衣冠除黔西北、黔东北穿大花披肩麻布衫外，多数为对襟短衣或大襟衣衫，穿长裤，扎绑腿，缠青色或白布包头。节祭时戴盛装"银角""神鸟羽毛"银头饰。苗族男子银饰或其他金属饰，带有远古蚩尤"铜头铁额"遗韵。女子衣冠造型考究、款式纷繁，色彩艳丽，工艺精湛。长裙飘逸潇洒、短裙婀娜多姿，印满蜡染图案或绣以各种花卉。"百褶裙"裙褶多达四五百道。苗族妇女喜爱银首饰，全身银饰多达七八十件，重达十余斤。银首饰有银角、银花、银雀、银帽、银马花、银牌、银簪、银插针、银耳环、银项链、银吊坠、银扣子等，各种造型纹样、承载了苗族社会历史、图腾崇拜和传说。有的地区苗族女子则多为盘式绣花、缀缨包头。

苗族妇女银角头饰
（贵州 黔东南）

苗族妇女的"高孚"蚩尤帽传统头饰
（云南 昆明 安宁）

苗族绣帕珠串缀缨头饰
（云南）

苗族姑娘龙福、银冠头饰
（贵州 黔东南）

苗族姑娘银冠头饰
（贵州）

贵州苗族姑娘头饰
红色、白色毛线盘环，两端留穗。

苗族姑娘红绒线缠发头饰
（云贵高原）

苗族妇女传统头饰（贵州 黔西南 贞丰）

苗族妇女传统头饰（贵州 黔东南）

苗族儿童节日头饰（贵州）

苗族女子日常头饰（贵州 黔东南）

苗族女子日常头饰（贵州 黔东南）

苗族姑娘盘式包头
（云南）

苗族妇女银花、银雀、银牌、银链头饰
（贵州）

苗族妇女头饰
（贵州 黔东南）
头戴银角、银簪、红花，红绿绒球。

雷山短裙苗妇女节日盛装头饰
（贵州）

苗族女子绒线头饰
（云南）

苗族女子妇女银坠头饰
（贵州）

苗族姑娘传统头饰
（贵州 黔东南 榕江）

苗族女孩银装服饰
（贵州）

苗族妇女白底蓝条高冠头饰

榕江苗族姑娘头饰
（贵州）

榕江苗族妇女头饰
（贵州）

苗族姑娘美丽的神鸟形头饰
（贵州 黔东南 台江）

苗族妇女三鸟银花头饰
（贵州 黔东南 台江）

苗族老年妇女传统头饰

苗族妇女银雀头饰
（贵州）

三都苗族姑娘节日银头饰
（贵州）

台江施洞苗族姑娘盛装银头饰
（贵州）

剑问苗族姑娘盘银头饰
（贵州）

苗族妇女绣帕缀缨头饰
（四川）

苗族妇女盘式包头缀缨头饰
（四川）

苗族妇女彩色绒球珠串头饰
（四川）

苗族姑娘传统头饰
（贵州 安顺）

苗族姑娘传统头饰
（贵州 安顺）

苗族妇女传统头饰
（贵州 安顺）

苗族女孩头饰（贵州 凯里）　　　苗族妇女银坠头饰（贵州 黔西南 望谟）　　　苗族妇女绣花尖顶头饰（云南）

苗族妇女头饰（贵州 六盘水）　　　　　　苗族女子挑花盘式珠串头饰（云南）

苗族姑娘日常头饰（贵州）

苗族妇女大盘式包头披搭头饰（贵州）

苗族姑娘银坠头饰

苗族妇女头饰
（贵州 安顺 紫云）

苗族姑娘银冠头饰
（贵州 黔东南 雷山）

苗族姑娘黑色包头大银耳环头饰
（贵州 六盘水 六枝）

苗族姑娘银冠头饰
（贵州 黔东南 雷山）

苗族妇女银饰黑包头
（云南）

苗族妇女头饰
（云南 西双版纳）

苗族姑娘多圆形银冠头饰

苗族妇女银凤冠头饰

苗族妇女黑发绒线、绣帕混缠包头
（云南）

苗族妇女大盘式绣花缀缨服饰
（云南 红河）

苗族姑娘银花银坠灯笼耳环头饰
（贵州 黔东南 黎平）

苗族姑娘银鼎头饰
（贵州 黔东南 黄平）

短裙苗族妇女锥角银梳头饰背面
（贵州 黔东南 雷山）

苗族妇女红黑色绒线头饰、白衣百褶裙服饰
（贵州 毕节）

苗族女子头饰
（贵州 六盘水）

苗族姑娘尖顶头帕缀穗银项圈头饰
（贵州 安顺 平坝）

苗族女孩头饰
（贵州）

苗族妇女三岔银角头饰
（贵州 黔南 都匀）

苗族妇女银角头饰背面
（贵州 黔东南 凯里）

苗族妇女银角梳头饰背面
（贵州）

苗族姑娘银泡银链头饰
（贵州 黔西南 贞丰）

一把木梳分为两瓣，
中间用长片连接，木梳的
一半挽于头上，另一半托
住长发，梳成式样奇特的
斜挂式发型。

苗族妇女独特传统头饰
（贵州）

苗族男孩传统头饰
（贵州 黔东南 从江）

头顶挽发髻，留鬏鬏头的贵州苗族少年
（贵州 黔东南 从江）

苗族妇女头饰
（云南 保山）

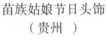

苗族姑娘节日头饰
（贵州 ）

苗族妇女牛角状巨梳，
用黑发和麻线捆缚于头
（贵州 ）

苗族革东支系服饰（贵州）

"长角苗"妇女传统头饰
（贵州 毕节 织金）

"长角苗"，在头发中扎上牛角状的木梳，再用麻线、毛线及逝去先人的长发盘结成硕大的发髻，酷似牛角、足有3公斤重，披散开来长达3米。巨大的发髻有几分雍容华贵之美。

苗族妇女牛角头饰（贵州 六盘水 六枝）
据传："长角苗"妇女在头上戴"角"，为吓唬森林中野兽，故平常只戴牛角状木梳，节日时才盘结硕大发髻。

苗族妇女传统服饰
（贵州 贵阳 花溪）

苗族妇女牛角头饰（贵州）

苗族丹都支系姑娘跳花（贵州）

短裙苗传统服饰（贵州）

苗族节日传统歌舞"吹枪"

苗族节日中男女服饰（贵州）

苗族妇女传统服饰（贵州）　　　　　　　　　苗族妇女节日头饰

苗族男孩服饰

苗族青年女子传统服饰（贵州 六盘水 六枝）

苗族牯师头饰

贵州加去苗族杀牛祭祖仪式——牯牛节，牯师头帕上插满了干鱼。用干鱼做头饰，象征苗家来自大江大河的那边，他们相信鱼是唤醒祖先灵魂的信物。

苗族女孩服饰（贵州 六盘水 六枝）

苗族男子传统头饰
（贵州 黔东南 从江）

贵州龙里苗族男子头饰

贵州榕江苗族男子头饰

苗族男青年大盘包头彩穗头饰
（贵州）

苗族男子节日头饰
（贵州 黔南 三都）

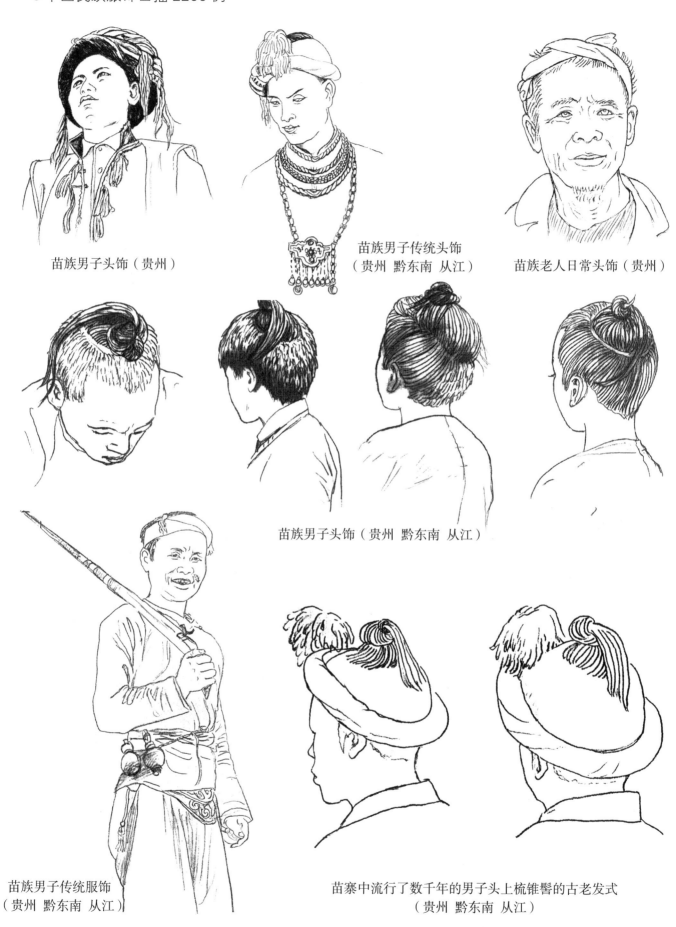

苗族男子头饰（贵州）

苗族男子传统头饰
（贵州 黔东南 从江）

苗族老人日常头饰（贵州）

苗族男子头饰（贵州 黔东南 从江）

苗族男子传统服饰
（贵州 黔东南 从江）

苗寨中流行了数千年的男子头上梳锥髻的古老发式
（贵州 黔东南 从江）

苗族饰物——银冠、银项圈、耳环

苗族丹寨支系服饰（贵州）

苗族男子传统服饰（贵州 黔东南 从江）

红光耀眼的苗族绣衣、工时需以年计（云南 文山）

苗族妇女传统服饰『四印装』

苗族男女服饰（贵州 六盘水 六枝）

苗女背饰

苗族妇女传统服饰（云南）

苗女背饰

苗族施洞支系服饰（贵州）

苗族服饰及奇特的斜挂式发型（贵州）

苗族妇女传统服饰（贵州 黔东南 从江）

节日跳芦笙舞的苗族青年高冠羽毛传统服饰（贵州）

苗族男子传统银角头饰（贵州）

以青白二色为纹饰的苗族服饰

苗族妇女传统服饰（云南）

苗族男子传统服饰（云南）

苗族男子节日羽毛头饰（贵州 六盘水）

苗族（僮家人）女子传统服饰（贵州）

苗族妇女传统服饰

苗族寨老和家人（贵州）

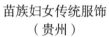

苗族男子传统服饰
（贵州）

苗族女子传统服饰
（贵州 毕节）

苗族妇女传统服饰
（贵州）

苗族妇女传统服饰

苗族男子节日盛装服饰
（贵州）

苗族妇女传统服饰
（云南）

苗族女子传统服饰（贵州）

苗族男子传统服饰（贵州）

苗族蜡染挑花裙服饰（贵州）

苗族妇女传统服饰（贵州）

苗族妇女传统服饰（贵州）

苗族妇女传统服饰（云南）

苗族妇女传统服饰（云南）

苗族妇女传统服饰（贵州）

苗族妇女『三重衣』及绣花腰带服饰

苗族妇女传统服饰（贵州）

苗族妇女传统服饰

苗族妇女传统服饰（贵州）

苗族姑娘银冠服饰（贵州）

贵阳高坡苗女盛装

苗族妇女传统服饰（贵州 黔东南 三穗）

苗族妇女日常服饰

苗族女子传统服饰（贵州 黔东南）

苗族芦笙舞

苗族妇女节日盛装『百鸟衣』

苗族女子节日头饰

维吾尔族

维吾尔族是我国西北地区的少数民族，主要居住在新疆维吾尔自治区，少部分居住在湖南常德、北京等地。

维吾尔族传统民族服饰比较讲究，男女都喜欢戴花帽，典型的传统花帽有"奇依曼"和"巴旦姆"。用金银彩线绣制，缀以彩珠亮片，色彩绚丽，华美多姿。不同的花帽，配上耳坠和项链，代表不同的年龄和身份。中老年妇女爱用丝绸、绒布做五颜六色的头巾和披肩。女子穿色彩鲜艳的连衣裙、外套背心，有的少女梳多发辫，以花帽绒白布蒙头，再罩细纱巾遮面，而后加戴冠帽。喜用耳环、手镯、戒指、项链等饰品，晶光烁目，富丽华贵，男子穿衬衣或外套，再罩上斜领、无扣没膝长袍，系腰带，爱戴四楞小花帽，脚穿长筒皮靴。

维吾尔族妇女传统头饰（新疆）

维吾尔族姑娘头饰（新疆）

维吾尔族女子传统头饰（新疆）

维吾尔族演员头饰 头戴白羽，白衣饰红色珠片。

维吾尔族姑娘头饰（新疆）

披黄头巾的维吾尔族妇女（新疆）

维吾尔族姑娘传统头饰（新疆）

维吾尔族少女多发辫头饰（新疆）

维吾尔族姑娘传统头饰（新疆）

镶满宝石的维吾尔族姑娘头饰
（新疆）

维吾尔族姑娘头饰
（新疆）

维吾尔族少女头饰（新疆）

维吾尔族女子头饰
（新疆）

维吾尔族姑娘头饰
（新疆 阿克苏 库车）

维吾尔族老人头饰

戴小毡帽的维吾尔族
老年妇女（新疆）

维吾尔族老人头饰（新疆）　　　　　　　　戴小黑帽的维吾尔族老人

维吾尔族妇女头饰（新疆）　　　维吾尔族妇女头饰　　　维吾尔族妇女头饰（新疆）

维吾尔族妇女日常头饰（新疆 和田 于田）　　　　　维吾尔族妇女传统头饰（新疆）

维吾尔族男子头饰（新疆）　　　　　　　　　　维吾尔族老人日常头饰

维吾尔族老人头饰（新疆）　　　维吾尔族男子头饰（新疆）　　　维吾尔族男子日常头饰（新疆）

维吾尔族老人传统头饰（新疆）　　　　　　　　维吾尔族老人头饰（新疆）

维吾尔族服饰

维吾尔族男子头饰

维吾尔族手鼓舞及传统服饰（新疆）

维吾尔族妇女传统服饰（新疆）

维吾尔族姑娘多发辫头饰（新疆）

维吾尔族舞蹈演员服饰

维吾尔族演员头饰（新疆）

维吾尔族姑娘传统服饰（新疆）

维吾尔族男子传统服饰（新疆）　　维吾尔族传统舞蹈服饰

○维吾尔族

维吾尔族传统舞蹈

维吾尔族舞蹈服饰

维吾尔族女子传统头饰
（新疆）

维吾尔族男子传统头饰
（新疆）

维吾尔族男子传统头饰
（新疆）

维吾尔族传统舞蹈《手鼓舞》

维吾尔族传统舞蹈服饰（新疆）

土家族

土家族主要分布在我国的湖南、湖北、贵州等省和重庆市接壤的武陵山区。

土家族服饰，妇女穿左衽开襟，短衣大袖，滚镶两三层花边，穿镶边筒裤。缠墨青丝帕或白布帕，已婚妇女绾"巴巴髻"，首饰较多，发髻上有银钗，节日还戴金银发花和银耳环，在胸前左衽扣上银环，环上挂八条银链，系着银牌、银铃、银牙、银挖耳等饰物，叮当作响，美观奇异。未婚女子用红头绳扎长辫子。男装为对襟短衫和斜襟上衣。喜用青蓝或白色土布包头、左耳戴耳环。现代包头多以土家织锦图案作装饰。

土家族妇女节日头饰（湖南）

土家族姑娘头饰（贵州）

土家族妇女头饰

土家族妇女头饰（湖北）

土家族姑娘头饰

土家族新娘头饰

土家族男子头饰（贵州）

土家族男子头饰（湖北）

土家族青年头饰（湖南）

土家族儿童的"菩萨帕"

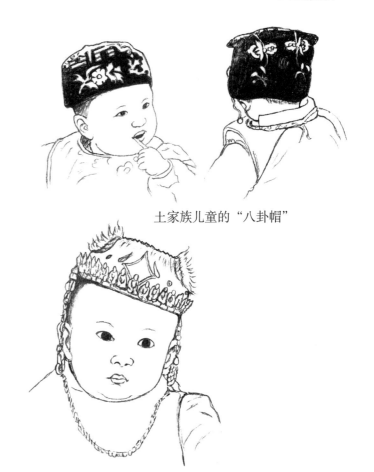

土家族儿童的"八卦帽"

土家族儿童的"冬瓜圈"

土家族很重视装扮小孩,特别突出的是帽子。春秋戴"八卦帽""狗头帽""紫金冠";夏戴"冬瓜圈";冬戴"鱼尾巴""风帽""菩萨帽"。帽子上用五色线绣成"喜鹊闻梅""凤穿牡丹""长命富贵""福禄寿喜"等。前面镶上"大八仙""小八仙""八仙罗汉"等服饰,帽后则挂有银牌、银铃等。

土家族男子头饰(湖北)　　　　土家族女子日常头饰　　　　土家族男子头饰(湖南)

土家族舞蹈服饰

土家族舞蹈及传统服饰（湖南）

土家族服饰（湖南）

土家族婚礼服饰

土家族摆手舞"鹤鹰展翅"

土家族妇女服饰　　　　　　　　　　　　　　土家族传统服饰

土家族服饰

土家族传统服饰

彝族

彝族是我国西南地区的少数民族，主要分布在四川、云南和贵州及广西西北部。

彝族服饰种类繁多，色彩缤纷。大致可分为凉山、乌蒙山、红河、滇东南、滇西、楚雄六个类型，服饰各有差异，但都体现了尚黑、崇虎、尚武、敬火等共同风格特征。男子穿黑色窄袖、右衽斜襟上衣和多褶宽裤脚长裤。原始头饰多蓄发椎髻于头顶的"天菩萨"，是大小凉山彝族男子特有的发式；"英雄结"也是彝族男子独特的传统头饰：头顶头发只留一小块，头裹长达数米的青、蓝布帕，在右前方扎成细长锥形"英雄结"，左耳戴黄红大耳珠，珠下缀红丝绒。女子衣冠多姿多彩，穿镶边或绣花大襟，右衽上衣和多褶长裙，裙缘镶以多层色布。有的妇女穿拖地长裙或及膝短裙。中年妇女覆绣花瓦式方帕，压以发辫。女子头饰款式很多，主要有四方八角罗锅帽、高冠银泡大红鸡冠帽、绒线挑花帽、银泡海贝串珠帽、盘式高冠孔雀银饰黑包头等，喜戴耳环耳坠、领口别有银质排花。男女都围羊毛"披毡"。

彝族妇女传统头饰（四川）

彝族妇女头饰（四川）

电影《阿诗玛》人物头饰
（云南 昆明 石林）

彝族撒尼支系姑娘传统服饰（云南）

彝族妇女头饰（四川 凉山）

彝族妇女银冠头饰（四川）

彝族妇女银坠绒线头饰
（云南 红河）

彝族姑娘青色盘绕头饰
（四川 凉山）

玫瑰红绒线球装饰的彝族妇女头饰
（云南 文山 西畴）

红色绒线、彩珠装饰彝族妇女头饰
（云南 红河 蒙自）

红色绒线、珠串、银饰、白帕组成的彝族妇女头饰
（云南 文山 富宁）

彝族妇女传统头饰
（云南 玉溪 元江）

彝族女孩头饰（云南）

彝族女孩（云南 楚雄 永仁）

彝族姑娘头饰（四川）

彝族姑娘传统头饰（云南 红河 石屏）

镶满银泡的彝族妇女头饰（云南 文山 丘北）

彝族少女银冠头饰（四川）

彝族古典高冠头饰

彝族女子头饰（四川 凉山）

彝族老人银饰青布大包头

彝族老人和儿童头饰（云南 红河 石屏）

彝族姑娘盛装头饰（云南 红河 石屏）

　　花腰彝姑娘的头饰像古代的干栏房顶，用草绿色、粉红色等面料衬底，贴在厚实的土布上，头帕的中部绣着两朵大红马樱花，四周绣有三图图案，反面朝上盖在头上，至颈部翻折，正面直立于头顶，马樱花露于后面。

彝族姑娘头饰（云南 红河 石屏）

彝族老人传统头饰
（云南 红河 石屏）

彝族妇女传统头饰（云南 红河 石屏）
　她们的各种精致的绣花头巾为冠帽，并全由自己手工缝制。

彝族妇女传统头饰（云南 红河 金平）

彝族姑娘银珠包头、五彩耳饰
（云南）

彝族姑娘银坠缀缨头饰
（云南）

彝族妇女传统头饰
（云南 红河 石屏）

彝族女子顺缠式缀缨头饰

彝族妇女"罗锅帽"头饰
头饰背部黑布拼为八角形，又称
"八角帽"，据说带有某些宗教含义。

彝族少女盛装头饰
（云南 红河 石屏）

彝族姑娘头饰（云南 红河 石屏）
　　花腰彝妇女的服饰由头帕、长衣、领褂缠腰巾，围腰带、黑裤和绣花鞋等组成，由上百个花卉图案刺绣而成，最艳丽的是用亮泡银点缀的头饰。

彝族妇女红白黑三色头饰
（云南 红河 泸西）

彝族女子鱼尾帽头饰

彝族姑娘绒线挑花珠串头饰

彝族女孩头饰（四川）

彝族妇女红色绒线银泡头饰（云南）

彝族妇女传统头饰（云南 大理 南涧）

彝族阿哲支系妇女绣帕银泡头饰
（云南 红河）

彝族姑娘银坠头饰

彝族缀缨包头银坠头饰

彝族妇女海贝、绒线、银坠头饰
（云南）

彝族姑娘银冠头饰（云南）

彝族妇女绣帕坠白穗头饰

彝族女孩头饰（云南 文山 广南）

彝族老人传统头饰

彝族姑娘排扣银坠头饰

彝族老人日常头饰　　　　　　彝族妇女高髻包头　　　　　彝族女孩日常头饰（云南 丽江 宁蒗）

彝族女孩头饰　　　　彝族撒尼支系妇女彩虹拼花头饰　　　　彝族妇女日常头饰
用白色绒线于头发混缠，下垂　　　　　（云南 ）
珠串和鸡毛，贝壳为项圈。

彝族阿细支系传统头饰　彝族撒梅支系的"鸡冠帽"　彝族姑娘银链长耳坠头饰　彝族女子白、红、绿相间的包头
（云南）　　　　　（云南 昆明）　　　　　（云南）　　　　　（贵州 黔西南 兴仁）

彝族阿哲支系姑娘传统头饰
（云南 红河 弥勒）

彝族妇女银色绒线混缠花帽头饰
（云南）

彝族姑娘的银冠头饰（云南）

彝族妇女头饰（四川 凉山）

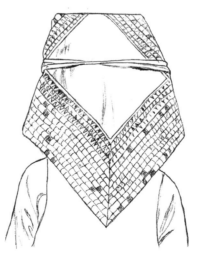

彝族女子头饰背面

彝族绣花帕头饰正面和背面
（云南）

彝族妇女传统头饰
（云南 丽江 宁蒗）

大凉山彝族妇女头饰（四川）

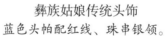

彝族姑娘传统头饰
蓝色头帕配红线、珠串银领。

彝族妇女传统头饰
（云南 大理）

彝族妇女插花节头饰
（云南 楚雄 大姚）

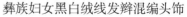

彝族妇女黑白绒线发辫混编头饰

彝族妇女"鸡冠帽"头饰
（云南）
彝族"鸡冠帽"，
传说可以驱逐来自森林
的魔邪。

彝族妇女"荷叶帽"等六种传统头饰（四川 凉山）

留"助体"的彝族男子
（四川）

彝族青年男子"英雄结"头饰
（云南 丽江 宁蒗）

彝族姑娘服饰
（云南 文山 广南）

彝族白依人头饰
（云南 大理 鹤庆）
头帕为深蓝、孔雀
蓝、白色相间。

彝族老年妇女服饰
（四川 凉山）

彝族妇女青色头饰
（云南 丽江 宁蒗）

彝族老人传统锥髻头饰
（四川 凉山）

彝族男子青布包头头饰

彝族男子节日头饰
"英雄结"边插羽毛，表示对
传说中为锦鸡的绣花姑娘的崇敬。

彝族男子头饰（四川）

留"助体"为饰的彝族老人
（四川）

彝族男子平常头饰

彝族男子长发辫头饰（四川）

戴耳坠、留长发辫的彝族老人（四川）

彝族妇女盛装头饰
（云南）

彝族新娘服饰
（云南）

彝族毕摩头饰二种

彝族毕摩头饰（四川）

彝族老人节日头饰
（云南）

彝族毕摩传统头饰

彝族青年头饰

彝族白倮支系男子头饰及服装
（云南 文山）

彝族阿哲支系妇女传统头饰
（云南 红河 弥勒）

彝族男子"天菩萨"头饰（四川）

　　锥髻，"天菩萨"是彝族神秘文化的象征。彝族男子以无须为美，多蓄发锥髻于头顶，这是一种古老的、原始的装束。

彝族妇女传统服饰（四川 凉山 昭觉）

明末清初彝族男子服饰

禄劝彝族"奈姆"　　　　　彝族双人笛吹奏绝活象征着团结一体　　黑巾红花装扮的彝族妇女头饰
（彝族祭祖圣典）　　　　　　　　　（云南）　　　　　　　　　　　（云南　大姚）

扎"英雄结"的彝族男子（四川）　　彝族男子红色头饰（四川）　　　彝族男子头饰（四川）

彝族男子头饰（四川　凉山）　　　彝族男子头饰（四川　凉山）　　扎"英雄结"的彝族老人（四川）

彝族白倮支系蜡染拼花传统服饰（云南 文山）

彝族妇女传统服饰
云南彝族长裙，一角披于腰间，
形如古代钭装长裙。

彝族传统服饰（四川）

彝族女子服饰

彝族衣冠银饰物

彝族传统服饰

彝族妇女传统服饰（云南　四川）

彝族盛装服饰（云南）

彝族阿哲支系服饰及舞蹈（云南）

彝族妇女传统服饰（云南）

彝族女子土布百褶裙

彝族男子服饰

彝族妇女传统服饰（云南 四川）

彝族妇女传统服饰（云南）

彝族妇女传统服饰
（四川）

彝族无袖贯头衣
（云南）

彝族节日盛装
白团毡上绣图案类似
眼睛，传说可避邪护身。

彝族妇女传统服饰
『虎纹裙』

彝族白依人姑娘服饰
（云南 大理 鹤庆）

彝族妇女盘桓髻服饰
（云南）

彝族妇女传统服饰
（云南）

彝族妇女传统服饰

彝族妇女鸡冠帽服饰
（云南）

彝族传统服饰及舞蹈
（云南 昆明 石林）

彝族阿细支系服饰及舞蹈
（云南）

蒙古族

蒙古族是我国北方的少数民族，主要居住在内蒙古自治区，其余分布在新疆、辽宁、吉林、黑龙江、青海、甘肃、宁夏、河南、河北、北京等地区，四川、云南也有少数分布。

蒙古族服饰仍保持古朴、雄健、洒脱的古老游牧民族的特点。男女老少都喜欢穿斜襟、高领、长袖、宽大的长袍，脚穿高筒靴或马靴。妇女衣冠款式多样，有冠帽型、巾帕型、冠帽巾帕混合型等，首饰多镶珠宝玉器。女子首饰古代多挽发髻，贵族已婚妇女戴"姑姑冠"，高到0.5米到1米，满缀珠玉以示尊贵。现代蒙古族女子的"高冠危帽"与其极为相似。男子一般留短发，戴蓝、黑、褐色帽，或缠红、黄绸缎头巾。

鄂尔多斯蒙古族妇女传统头饰
（内蒙古）

蒙古族小姑娘头饰
（内蒙古）

故宫旧藏画像中元世祖皇后戴的『姑姑冠』。

蒙古族古典『高冠危帽』头饰

蒙古族妇女传统头饰
（内蒙古）

珠光宝气的蒙古族妇女头饰
（内蒙古）

蒙古族妇女头饰
（内蒙古 乌兰察布）

蒙古族女子传统头饰
（内蒙古）

呼伦贝尔草原蒙古族女孩头饰
（内蒙古）

蒙古族妇女传统头饰
（内蒙古）

蒙古族舞台头饰　　　　布里亚特蒙古族头饰（内蒙古）

蒙古族妇女节日头饰
（云南　玉溪　通海）

蒙古族妇女节日盛装传统头饰
（内蒙古）

影视中蒙古族贵族妇女头饰　　　蒙古族女子头饰

蒙古族妇女传统头饰
（云南　玉溪　通海）

蒙古族姑娘盛装头饰
（内蒙古 鄂尔多斯）

蒙古族妇女羊角型头饰

蒙古族《顶碗舞》头饰

蒙古族妇女传统头饰
（内蒙古 呼伦贝尔 巴尔虎）

蒙古族舞台头饰

蒙古族新娘头饰
（内蒙古 阿拉善）

蒙古族传统头饰红里金纹帽

蒙古族已婚妇女头饰
（内蒙古 鄂尔多斯 乌审旗）

○蒙古族

蒙古族传统『高冠危帽』——姑姑冠

蒙古族女子头饰

蒙古族少女头饰

蒙古族女子头饰

蒙古族妇女传统头饰（内蒙古）

独具特色的蒙古族妇女头饰

蒙古族妇女头饰（云南 玉溪 通海）

蒙古族老人头饰（云南 玉溪 通海）

蒙古族女子头饰（云南 玉溪 通海）

蒙古族妇女头饰　　　　　　蒙古族妇女头饰　　　　　　蒙古族少女头饰
　　　　　　　　　　　　　（内蒙古 锡林郭勒）

蒙古族妇女头饰（新疆）　　蒙古族头饰（新疆）　　蒙古族少女头饰（新疆）

舞台上的蒙古族
古典传统服饰

蒙古族女子传统服饰

蒙古族舞台头饰
（内蒙古 呼伦贝尔 陈巴尔虎）

蒙古族妇女头饰（云南）

蒙古族妇女头饰（新疆）

蒙古族女子头饰
（内蒙古 鄂尔多斯）

蒙古族妇女头饰

20 世纪 30 年代蒙古族妇女头饰

蒙古族妇女传统头饰

蒙古族少年头饰（内蒙古）

蒙古族妇女头饰（内蒙古）

蒙古族老人头饰（内蒙古）

蒙古族老人头饰（内蒙古）

蒙古族妇女头饰（内蒙古）

○蒙古族

蒙古族中年男子头饰（内蒙古）

蒙古族老妇头饰（内蒙古）

蒙古族青年头饰（内蒙古）

蒙古族少女头饰（内蒙古）

蒙古族女子头饰（内蒙古）

蒙古族少女头饰（内蒙古）

蒙古族男子头饰（内蒙古）

蒙古族少女头饰（内蒙古）

蒙古族传统头饰　　　　蒙古族妇女传统服饰（青海）　　　　蒙古族传统头饰

蒙古族贵妇姑姑冠头饰　　　　　　　　蒙古族妇女传统头饰
　　（内蒙古）　　　　　　　　　　　　　（内蒙古）

蒙古族古典传统头饰（内蒙古）

蒙古族妇女传统服饰

蒙古族妇女服饰

成吉思汗像

蒙古族男子以盘羊角为形的帽子

蒙古族男子头饰
（内蒙古 锡林郭勒）

蒙古族男子日常头饰
（内蒙古）

蒙古族老人日常头饰
（内蒙古）

蒙古族老妇日常头饰
（内蒙古）

蒙古族男子头饰
（内蒙古）

蒙古族老人日常头饰
（内蒙古）

蒙古族男子头饰
（内蒙古）

蒙古族青年头饰

蒙古族女子头饰

蒙古族妇女头饰
（内蒙古 呼伦贝尔）

蒙古族孩子头饰
（内蒙古 呼伦贝尔）

蒙古族头饰（内蒙古 呼伦贝尔）

蒙古族已婚妇女服饰

蒙古族妇女头饰（云南 通海）

蒙古族女子头饰

蒙古族男子头饰

蒙古族少女头饰（云南）

蒙古族头饰

蒙古族摔跤手头饰

蒙古族青年头饰

蒙古族传统头饰

蒙古族传统头饰

○蒙古族

蒙古族舞蹈《牧马舞》服饰

蒙古族日常服饰

蒙古族舞蹈《盅碗舞》服饰

蒙古族传统服饰

蒙古族传统服饰

○蒙古族

蒙古族妇女盛装（内蒙古 赤峰 克什克腾）

杞麓湖畔的蒙古族服饰（云南 通海）

蒙古族妇女盛装（甘肃 酒泉 肃北）

蒙古族摔跤手服饰（内蒙古）

蒙古族少女服饰（内蒙古 锡林郭勒）

舞台上的的蒙古族头饰

藏族

藏族是我国西南地区的少数民族，主要分布在西藏自治区以及青海、甘肃、四川、云南等地。

藏族服饰，男装雄健豪放，女装典雅潇洒，独具高原特有风貌。藏袍是藏族的主要服装款式。男女都穿大襟和对襟衬衫，男式为高领，女式多为翻领。女衫袖长过膝，舞蹈时翩翩起舞，非常优美。冠帽佩饰在藏装中最有特色，男女都喜欢留发结辫，戴冠帽，镶以金银珠宝、玉器、珊瑚等。有的藏族服饰价值上百万元，极为珍贵。女子冠帽款式繁多，有"五幅冠""珍珠帽""仙女冠""太阳帽"等等。一般常梳几十条长辫，或装入精心刺绣的布制辫筒，缀成一条华丽的饰带，有的梳成双辫。男子日常戴毛毡礼帽，康巴地区蓄长发，编辫盘于头上。

藏族姑娘『高冠危帽』珠宝银饰头饰（西藏）

藏族姑娘头饰（西藏）

藏族妇女发辫缀金银珠宝传统头饰（西藏）

20 世纪 30 年代藏族传统头饰
（西藏）

藏族妇女传统头饰
（四川 甘孜 ）

藏族妇女传统太阳帽头饰
（四川 甘孜 石渠）

藏族女歌手头饰
（西藏）

藏族妇女线发混缠盘桓髻头饰
（云南 迪庆 香格里拉）

盛装的藏族姑娘传统头饰
（西藏）

藏族女子传统头饰
（云南　迪庆　香格里拉）

藏族歌手太阳帽头饰（西藏）

藏族妇女节日盛装头饰（西藏）

藏族少女头饰
（云南　迪庆　香格里拉）

藏族老人深红色吊穗头饰
（云南）

藏族老人日常头饰
（西藏）

白马藏族传统头饰
（四川　绵阳　平武）

藏族女孩多发辫头饰
（西藏　阿里）

藏族少女头饰，以花布为头帕，耳戴珊瑚耳环。

藏族少女头饰

藏族姑娘独特的头饰（西藏）

藏族女孩白色盘式大包头头饰
（四川 凉山 甘洛）

藏族女子头饰
　　成人礼上"戴角角"的
藏族女子用精美的金银、珊
瑚、宝石做头饰，精美艳丽。

藏族女子传统金银头饰（西藏）

藏族女子传统头饰（西藏 阿里）

○藏族

藏族姑娘传统头饰
（云南 迪庆 香格里拉）

藏族女子头饰
（云南）

20 世纪 30 年代，贵族少女以
红珊瑚珠盘成的头饰
（四川 阿坝）

藏族女子传统头饰

藏族妇女传统头饰
（四川 凉山 西昌）

藏族姑娘传统头饰（西藏）

1930 年，西康藏族男子头饰

藏族女孩头饰

藏族女子服饰

草原藏族姑娘夏天喜欢戴太阳帽
（四川 甘孜 石渠）

藏族女子太阳帽头饰
（四川）

20 世纪 30 年代藏族男子传统头饰
（四川 甘孜）

藏族妇女转山节传统头饰
（云南 迪庆 维西）

藏族妇女传统头饰
（云南 迪庆 维西）

藏戏仙女装头饰
两侧有扇状饰物

藏族姑娘线发混缠十字头饰
（云南）

藏族妇女传统头饰
（云南 迪庆 香格里拉）

藏族少女花卉头饰
（云南）

○藏族

藏族节日盛装传统头饰

藏族妇女传统头饰

藏女头饰（西藏 阿里）

盛装藏族女孩头饰

藏族姑娘在青布头帕上
镶缀两个称为"玉老"
的银碗为头饰（云南）

昌都藏女头饰（西藏）　　新龙藏女头饰（四川）　　藏族老妇头饰（西藏 日喀则 岗巴）

藏族妇女传统头饰　　藏族女子传统头饰（四川）

藏族妇女传统头饰　　藏族姑娘多发辫头饰　　藏族传统服饰（四川 甘孜 新龙）

藏族姑娘头饰
（西藏）

藏族女子珠串宝石头饰
（云南）

藏族妇女彩色绒布线头饰
（云南）

舟曲藏族姑娘头饰
（甘肃 甘南）

藏族女子头饰
（甘肃 甘南）

藏族妇女传统头饰
（甘肃 甘南）

藏族演员头饰

色尔古藏寨藏族妇女头饰
（四川 阿坝 黑水）

藏族妇女传统头饰（云南）

藏族女孩头饰（青海 玉树）

藏族妇女头饰（甘肃 甘南）
头饰由彩色珠宝玛瑙，松耳石及金
银饰品缀成。

藏族儿童头饰（甘肃 甘南 玛曲）

藏族妇女头饰

藏族男女青年头饰（甘肃 甘南）

藏族妇女传统头饰
红色珠串、银饰片、花卉为饰。甘南藏族妇女的"三格毛"头饰是独一无二的。

木雅藏族妇女头饰（四川 甘孜）
头饰由五片颜色和图案不同的莲花瓣形饰片组成。

藏族姑娘头饰
（四川 甘孜 丹巴）

藏族女子传统头饰

藏族妇女头饰背面（西藏）

藏族妇女头饰侧面（甘肃 甘南 卓尼）　　藏族妇女头饰（甘肃 甘南 卓尼）　　藏族妇女珠宝头饰

藏族头饰（甘肃 甘南 卓尼）

藏族嘉绒支系姑娘头饰

藏族少女头饰（甘肃 甘南 临潭）

发辫式藏族男子头饰
（四川）

藏族男子日常头饰（四川）
红绒线与头发混缠

藏族女子传统头饰

藏族妇女节日传统头饰（西藏）

藏族女子传统头饰
（云南）

藏族传统节日『圣女』头饰

藏族妇女古典头饰　　藏族妇女珠宝头饰

藏族姑娘头饰
（西藏）

藏族姑娘头饰　　藏族女子传统头饰　　藏族姑娘头饰（西藏）

藏族男子日常头饰　　藏族传统头饰（四川 甘孜 新龙）

○藏族

藏族新娘头饰

用珊瑚、玛瑙、松耳石串的圆形头饰

藏族女孩头饰（四川）

藏族女子多发辫头饰

藏族妇女头饰（云南）

藏族女子头饰（四川）

藏族妇女头饰（西藏）

藏族女子节日头饰

藏族女子传统头饰

盛装藏女头饰（四川 甘孜 白玉）

藏族女子日常头饰（青海）

康巴女子传统头饰（西藏）

藏族妇女头饰
（云南）

白马藏族瓜叶式白帽头饰
（四川）

藏族姑娘传统头饰
（四川）

藏族姑娘头饰
（四川）

白马藏族妇女头饰
（四川）

头插羽毛的藏族姑娘
（四川）

藏族女子传统头饰
（青海）

藏族姑娘日常头饰
（四川）

藏族女子传统头饰

康巴藏族妇女传统头饰和服饰

藏族女子传统头饰
（四川 阿坝）

藏族女孩日常头饰

藏族男子日常头饰（云南）

20世纪30年代 藏族少年传统头饰 发饰为银质环状物缠于额上，末端留尾穗。

藏族男子传统头饰

藏族男子节日头饰

藏族男子日常头饰

戴玫瑰红色喇嘛帽的藏族男子

藏族高僧头饰

藏族男子日常头饰

金黄色的藏族僧侣头饰

藏族老年僧侣头饰

僧侣头饰

康巴藏族传统头饰（云南 迪庆 香格里拉）礼帽、红绒线、松耳石缀。

藏族喇嘛帽头饰

20世纪30年代藏族少年头饰（四川 甘孜 石渠）戴狐皮帽，左耳戴银质大耳环。

20世纪30年代藏族贵族服饰 绸缎为衣料，项挂珊瑚嘛呢珠，腰间镶银佩刀。

藏族皮帽

藏族男子皮帽头饰

康巴藏族老人头饰

康巴藏族老人头饰

影视中藏族男子头饰

1936年藏族土司贵族传统头饰

影视中贵族男子头饰

藏族男子头饰（青海）

藏族男子日常头饰
（云南）

藏族男子日常头饰也用各色珠宝缀饰

藏族男子传统头饰

藏戏九头金刚面具

藏戏珠牡面具

藏族面具

格萨尔王铜像头饰

藏族多吉帕莫面具

藏戏老翁面具

藏戏中的"格萨尔"头饰

藏戏面具 3 种

藏戏面具

藏戏神鹿面具

藏戏面具

藏戏神兽面具

藏戏神兽面具

藏戏面具

康巴藏族男子传统服饰

藏族妇女传统服饰（云南 迪庆 香格里拉）

藏族妇女传统服饰（四川 甘孜）

藏族男子节日传统服饰

20 世纪 50 年代藏族传统服饰

藏族传统服饰（云南）

藏族女子银花服饰（云南）

藏族男子服饰（云南）

白马藏族传统服饰

藏族服饰

藏族男子节日传统服饰

藏族古典传统服饰
（西藏）

藏族女子传统服饰
（青海）

藏族射箭男子服饰
（香格里拉）

白马藏族女子传统服饰

藏族女子节日盛装
（四川）

藏族传统服饰（云南 迪庆 香格里拉）

藏族传统服饰

藏族妇女传统舞蹈服饰

藏族妇女背披服饰

藏族服饰

藏族传统服饰（甘肃）

○藏族

藏族歌手服饰
（西藏 阿里）

藏族传统戏剧服饰
　　四川马尔康梭磨河谷，
藏族嘉绒支系很早就有独特
的传统戏剧，由于地域文化
习俗及方言所限，使它千百
年以来一直都独自芳香于那
片神奇的土地，流传千载。

藏族女子日常服饰（云南）

藏族妇女传统服饰
（四川 甘孜 乡城）

藏族男子传统服饰

藏族传统服饰

布依族

　　布依族是我国西南地区的少数民族，布依族主要分布在贵州省黔南、黔西南和镇宁、关岭、紫云三县，以及毕节、遵义、黔东南等地，少数分布在云南、四川、广西等省区。

　　布依族服饰，女子衣冠各地差异较大，通常梳长辫，有的把长辫盘于头上，再包上青布或花格布头巾，已婚女子"加壳"帽饰，帽尾斜翘于脑后，形似喜鹊尾巴。上装多为大领或大襟衣、镶花边服饰，下穿青布大口镶边长裤和百褶长裙，系绣花围腰或绸缎腰带，穿船形绣花鞋或绣花尖嘴布鞋。男子身穿对襟或大襟短上衣、大裤腿长裤，头戴青布或花格布头帕。

布依族妇女传统头饰
（广西）

布依族妇女传统服饰
（云南）

布依族少女白巾头饰
（云南　曲靖　罗平）

布依族女子传统头饰
（贵州）

布依族妇女传统头饰
（贵州）

布依族女子传统头饰
（贵州　黔南）

布依族少女头饰
（云南　曲靖　罗平）

着白色包头的布依族女子
（贵州　黔西南　兴仁）

布依族妇女头饰
（云南　曲靖　罗平）

布依族妇女黑头帕头饰
（云南 曲靖 罗平）

布依族妇女白色头帕
（云南 曲靖 罗平）

布依族姑娘头饰
（云南 曲靖 罗平）

布依族妇女日常头饰
（贵州 安顺）

布依族妇女传统头饰
（贵州 安顺）

布依族少女银牌头饰
（云南）

布依族妇女白色头饰
（贵州 黔西南 贞丰）

布依族妇女传统头饰
（贵州 安顺 镇宁）

布依族姑娘头饰
（云南）

布依族男子头饰
（贵州）

布依族青年头饰
（云南）

布依族儿童头饰
（云南）

布依族传统服饰
（广西）

布依族传统服饰
（贵州）

布依族传统服饰
（云南）

布依族传统服饰

布依族传统服饰
（云南）

布依族传统服饰
（云南）

布依族服饰

布依族传统服饰
（贵州）

布依族传统服饰
（云南）

布依族传统服饰
（贵州）

侗族

　　侗族是我国西南地区的少数民族，大部分居住在贵州、广西、湖南等省区，数万人散居在湖北恩施等地。

　　侗族服饰，女子衣冠较有特色，北部妇女多穿阴丹士林布右衽无领衣，托肩滚边，配以银珠大扣，腰系青带，下穿长裤，脚穿花鞋。南部妇女衣冠比较古朴，一般都穿系带衣和百褶短裙、裹绑腿，头系抹额。女子一般多蓄长发、挽髻，有扁髻、盘髻、双盘髻等式样，以木梳绾髻，或以绣花布包头，或饰以鲜花、羽毛，或结髻于顶，以银鱼、银花等装饰。节日冠戴银花、银鱼、银片、银簪和银项圈等服饰物。男子衣冠，身着对襟或偏襟短衣、扎腰带、穿长裤，缠头巾，喜用花格布作包头。

侗族妇女传统头饰（贵州）

侗族妇女传统头饰
（贵州）

侗族妇女日常头饰
（贵州）

侗族女子节日传统头饰
（广西）

侗族女子节日盛装头饰（广西）

侗族妇女节日
盛装头饰

侗族女子头饰顶部

侗族盛装少女花卉头饰

侗族青年传统节日头饰
（广西）

侗族女子头饰
（贵州黔东南 从江）

侗族姑娘传统头饰
（贵州）

侗族姑娘头饰
（贵州）

侗族女子传统头饰
（贵州）

侗族妇女头饰（贵州）　　　　侗族姑娘头饰（贵州）　　　　侗族妇女头饰

侗族女子头饰（湖南）　　　侗族女子传统头饰（湖南）　　　侗族男子头饰（广西）

侗族传统服饰

侗族女子传统服饰
（湖南）

侗族传统舞蹈服饰（贵州）

侗族男子传统服饰

侗族妇女传统服饰

侗族传统无领襟衫服饰
（贵州）

侗族姑娘传统服饰

侗族传统服饰

侗族服饰（贵州）

瑶族

　　瑶族是我国东南、中南地区的少数民族，主要居住在广西、湖南、云南，其余散居于广东等地。

　　瑶族服饰款式繁多，色彩夺目，图案古朴，工艺精美。男女服装用青蓝土布。妇女喜穿无领大襟上衣，下着长裤或短裙，或百褶裙。在衣服领口、胸襟、裙边等饰以挑花、刺绣，鲜艳夺目。女子头饰一般发结细辫，围以五彩细珠，佩戴银簪、银花、银项圈、银牌等配以彩色丝带，风格别致。传统头饰丰富多彩，有高冠危帽、靛染挑花饰、羽饰、多层绣帕饰、银片冠饰、绒线珠串饰和古老的牛角帽饰等。男子服饰喜穿对襟无领短衫，下着长裤或短裤，有的喜穿绣边长裤。男子头饰有的蓄发盘结，插以雉毛饰物，用青布或红布包头。

瑶族妇女红色绒缨银玲头饰（云南 红河 河口）

瑶族姑娘传统头饰（广西）

瑶族长发女头饰（广西 桂林）

红瑶女传统头饰（广西 桂林）

红瑶女头饰（广西 桂林）

红瑶女头饰（广西 桂林 龙胜）红瑶因其服饰以艳丽的红色为主调而得名。

瑶族妇女服饰（大红布卷盘绕缀以花卉）

瑶族妇女传统服饰

20世纪50年代瑶族新娘传统头饰（广西）

瑶族少女传统头饰（广西）

20世纪50年代瑶族妇女传统头饰

瑶族妇女头饰（云南 金平）
红色尖帽外缠细银链扣。

瑶族盘瑶支系妇女头饰
（广西 桂林 龙胜）

瑶族妇女头饰
银片冠饰，既表示美，又显示勤劳和富有。

瑶族红头瑶支系妇女头饰
（云南）

银饰、珠串、绒线组成的瑶族妇女头饰
（云南 文山 广南）

瑶族缀缨大红包头
（云南）

瑶族妇女彩珠红缨高冠头饰

瑶族大板瑶支系妇女青布大包头饰
外层以刺绣包边，领挂红色绒线球。
（云南 文山 富宁）

瑶族新娘头饰
红盖头，银饰，彩色绒线球。

瑶族红头瑶支系妇女红色尖顶头饰
（云南 红河 金平）

瑶族过山瑶支系妇女头饰
（云南 文山 马关）

瑶族蓝靛瑶支系青年妇女头饰
（云南 红河 河口）

瑶族红头瑶支系妇女头饰背面
（云南）

瑶族老人传统青色头饰
（云南 红河 金平）

瑶族"大尖顶"多层头帕传统头饰

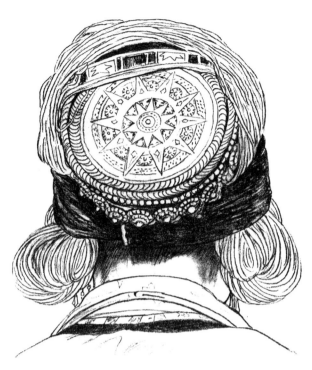

瑶族白线瑶支系妇女造型独特的头饰（云南 文山 富宁）
　　头饰是瑶族妇女装饰最丰富、多彩的部分。银盘、白绒线、青帕、银项圈、银耳环。

瑶族传统姑娘头饰（广西 贺州）

瑶族姑娘的"牛角帽"头饰（广西）

瑶族妇女最为珍贵的头饰"牛角帽"
　　姑娘出嫁或节日才戴"牛角帽"。用牛皮、牛筋制成，侧目形如牛角，故名。帽顶依次铺上青布、红布和一块冷色的瑶锦，再在瑶锦上用一条彩带绕过帽端，然后再交叉，使带两端穗头分别吊至两肩，很有华贵之气度。

"牛角帽"背面

瑶族蓝靛瑶支系妇女□色头帕，胸前
饰红黄蓝绿绒球
（云南 红河 河口）

瑶族妇女大红、玫瑰红头帕的传统头饰
（云南）

瑶族妇女独特的传统头饰
（云南 红河）
用马尾与黑绒线编为假辫，
分四股盘于头顶。

瑶族姑娘头饰背面
（云南 红河 元阳）

瑶族妇女头顶披着蓝帕头饰
（云南 红河）

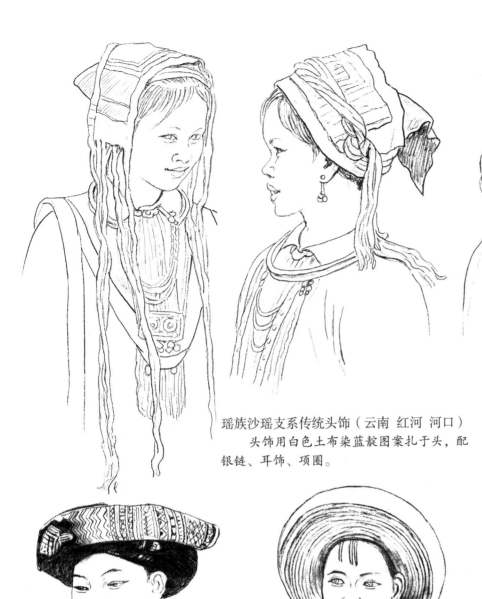

瑶族沙瑶支系传统头饰（云南 红河 河口）
　　头饰用白色土布染蓝靛图案扎于头，配银链、耳饰、项圈。

瑶族白线瑶支系妇女头饰
（云南 文山）

瑶族妇女的绣花头饰

瑶族女子青色大包头

瑶族老年妇女头饰

瑶族妇女日常头饰
（云南）

瑶族妇女青色『平头』头饰
（云南）

瑶族妇女日常头饰
（云南）

瑶族妇女传统头饰
（广西 来宾 金秀）

瑶族妇女以彩带包头，
再盖带穗的花巾
（广西 贵港 桂平）

瑶族妇女尖形花帽头饰
（广西 贺州）

瑶族女子头饰

瑶族妇女红色头饰
（云南 红河 金平）
人称丈布瑶，包头需用布 5 米。

湖南隆回瑶族姑娘用花布卷盘成的头饰

瑶族花山瑶支系妇女独具一格的头饰（湖南）

瑶族花山瑶支系姑娘金黄色传统头饰（湖南）

瑶族妇女头饰背面

瑶族新娘头饰（湖南）花边头巾，外盖用铁丝木架撑起头盖布。

瑶族男子头饰（广东 清远 连南）

头缠花带的瑶族男子

瑶族蓝靛瑶支系青年女子头饰（云南 红河）

瑶族蓝靛瑶支系青年男子白色头饰（云南 红河）

瑶族少年在"成年礼上的"头饰

瑶族祭祀师公头饰

传统节日"耍歌堂"中的瑶族排瑶
支系男子插羽红色头饰
（广东）

瑶族蓝靛瑶支系青年男子头饰
（云南 红河 河口）

瑶族祭祀师公头饰

○瑶族

瑶族道公服饰

瑶族道公服饰背面

瑶族未婚青年缀缨头饰
（云南）

瑶族男子绣花瑶锦盘式传统包头

瑶族儿童盛装头饰

瑶族男子马尾帽，用马尾编织，透气又凉快（云南 红河 金平）

连南瑶族女子服饰 头饰为白线圈（广东）

瑶族男子传统服饰之背面

瑶族过山瑶支系传统盛装服饰

瑶女传统服饰（云南 红河 金平）

瑶族传统服饰　　　　　　　　　　　瑶族传统头饰服饰

瑶族新娘传统服饰头饰　　　　　瑶族传统服饰

瑶族妇女传统服饰

瑶族师公服饰

瑶族师公对襟坎肩服饰

瑶族女子传统服饰

瑶族男子传统服饰

瑶族姑娘传统服饰

瑶族妇女传统挑花衣裤服饰　　　　　　瑶族妇女传统服饰

瑶族妇女传统服饰　　　　　　瑶族女子传统服饰

瑶族女子传统服饰　　穿齐膝白裤的瑶族白裤瑶支系男子　　瑶族婚礼服饰

瑶族白裤瑶支系男子传统头饰　　瑶族白裤瑶支系青年传统服饰

瑶族妇女传统服饰

瑶族女子传统服饰

瑶族妇女传统服饰

瑶族花篮瑶支系女子传统服饰

瑶族妇女传统服饰　　　　　　　　　　　瑶族舞蹈服饰

瑶族女子有绒线球胸饰的传统服饰及背饰　　瑶族花篮瑶支系男子传统服饰　瑶族盘瑶支系男子日常服饰

瑶族妇女传统服饰（广西 百色 田林）
头扎 6 米长的绣花头巾。

瑶族姑娘传统服饰

瑶族女子服饰

瑶族姐妹服饰

瑶族花山瑶支系女子传统服饰
（湖南 邵阳 隆回）

朝鲜族

　　朝鲜族是我国东北地区的少数民族，主要分布在吉林、黑龙江、辽宁三省。吉林省延边朝鲜族自治州是最大的聚居区。

　　朝鲜族有"白衣民族"之称，男女都喜欢穿素色的衣服。女子穿白色斜襟短衣，襟衣无扣，结以绶带，下面是粉红、淡绿、淡蓝等不同颜色的长裙或短裙。女子头饰，主要是梳独辫，末端坠各种饰物垂于后背，或盘亘结于脑后，便于头顶包袱、瓦罐等物。贵族女子头饰庄重华丽，脑后发髻插金银发簪、银坠，或头顶饰以珠宝、水晶等物。男子穿短衣，加深色坎肩，裤腿宽大，裤脚上系丝带，头戴呢帽或扎白色头巾。传统头饰还有一种黑纱高帽，节日舞蹈戴一种特有的、旋转彩带的帽子。

朝鲜族妇女传统服饰（吉林）

朝鲜族新娘盛装传统头饰

朝鲜族姑娘紫、红、白色水晶头饰

朝鲜族妇女传统头饰

朝鲜族舞者头饰

朝鲜族女子头饰

朝鲜族男子传统头饰（吉林）

朝鲜族古典头饰（吉林）

朝鲜族传统节日鼓手头饰（吉林）

朝鲜族妇女传统头饰及背饰

朝鲜族妇女古典头饰

朝鲜族老人传统头饰

朝鲜族男子节日头饰

朝鲜族男子日常头饰

朝鲜族妇女头饰（吉林）

朝鲜族女子日常服饰（黑龙江）

朝鲜族姑娘服饰（吉林）

朝鲜族新婚男女服饰（吉林）

朝鲜族青年传统服饰

朝鲜族传统服饰

朝鲜族女子头饰

朝鲜族女子头饰

朝鲜族妇女日常头饰

朝鲜族伽倻琴演奏者服饰

朝鲜族老人『归婚礼』服饰（吉林）

朝鲜族节日服饰

朝鲜族女子传统舞蹈服饰

朝鲜族女子日常服饰

朝鲜族民间舞蹈服饰

朝鲜族传统服饰

朝鲜族传统舞蹈《长鼓舞》服饰

朝鲜族舞者传统服饰

朝鲜族扇子舞者服饰

白族

　　白族是我国西南地区的少数民族，主要居住在云南大理白族自治州，其余散居昆明、元江、南华、丽江、保山等地，四川西昌、贵州毕节和湖南桑植也有少数散居。

　　白族崇尚白色，男女服饰都以白色为尊贵。男子多穿白色对襟衣，黑领褂、白色长裤，肩挎绣着美丽图案的挂包，扎有花纹和绒球的白布包头，勒墨人戴贝珠、红绒线缀成的圆形盘帽、左右两侧垂红缨齐肩。妇女服饰，女子多穿右衽白上衣、红坎肩或蓝上衣，外套黑丝绒无领褂，围腰多为青、蓝布，腰带用漂白布缝制，绣以蓝色图案。少女留长发、梳独辫，辫稍系一束大红或玫瑰色粗毛线，把长辫盘于头顶，左侧吊一束雪白缨穗于头帕之外。有的姑娘戴绒花头巾、左侧饰白色长丝穗和料珠，垂至肩部，已婚女子则把露在外面的发辫收于头巾里。老年妇女都挽髻插银簪，并包以扎染花布或纱巾。洱源一带的妇女爱戴传统头饰"凤凰帽"。

白族姑娘传统头饰
（云南 大理）

白族姑娘传统头饰

变化多彩的白族女子头饰

白族姑娘鸡冠帽后面

白族妇女多层头帕头饰
（云南 大理 剑川）

白族老人日常头饰　　白族老人节日头饰

白族姑娘的鸡冠帽头饰　　白族鱼尾帽　　白族姑娘的凤凰帽

白族日常服饰

白族妇女、儿童日常服饰

白族女子传统鱼尾帽
头饰

鱼尾帽：用银
泡、银质佛像、银龙、
银花，间隙还绣有各
种图案，缝制在粉红
色或其他颜色的鱼尾
帽上。帽冠、帽尾系
有红球。

白族女子古典传统头饰
用红、黄、绿绒球、珠串装饰

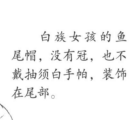

白族女孩的鱼
尾帽，没有冠，也不
戴抽须白手帕，装饰
在尾部。

白族姑娘传统的鱼尾帽头饰

白族女子古典传统头饰　　　　白族妇女传统头饰　　　　有红缨的白族鸡冠帽

白族妇女红绒球高冠头饰

白族勒墨人妇女缀头箍、珠宝头饰
（云南 怒江）

白族妇女日常头饰

白族妇女黑蓝色大包头传统头饰
（云南 保山）

白族新娘花卉头饰

白族姑娘传统头饰（云南 大理）

白族青年男子传统头饰

白族青年的白色包头

白族男子"八角遮阳帽"头饰
用竹篾编成骨架，再用 6 ～ 13 米白布缠成
八角形，上披两块四方巾，花巾八角缀以玻璃球，
珠端接五彩珠绣球。

弹羊头琴的歌手

围腰图案

白族勒墨人传统服饰

袖口花纹

白族勒墨人男子贝珠、红绒线缀成的传统头饰
（云南 怒江）

白族妇女日常头饰

白族舞蹈服饰

白族传统服饰

白族妇女日常头饰

白族妇女日常头饰
（云南 大理）

白族妇女传统头饰
（云南 鹤庆）

白族传统服饰

白族传统服饰（云南 玉溪 元江）

白族服饰

白族传统舞蹈服饰

白族鸡冠帽服饰

白族妇女采茶服饰

白族绒球高冠帽服饰

哈尼族

　　哈尼族是我国西南地区的少数民族，主要分布在云南南部元江、红河、澜沧江流域，红河哈尼族彝族自治州人口最为集中。

　　哈尼族服饰崇尚青蓝色。男子多穿对襟上衣和长裤，以青布或白布缠头，缀以金、银、珠宝、花卉、羽毛为饰。妇女多穿无领上衣、长裤，衣服的托肩、大襟、袖口和裤脚镶以彩色花边。西双版纳、澜沧江一带的妇女，下穿短裙，裹护腿，胸前挂珠串银饰，头戴镶银泡，缀禽羽、缨穗的帽子。墨江、元江、江城一带的妇女，有的穿长筒裙或皱褶裙，有的穿长裤，系绣花腰带和围腰。红河一带奕车姑娘服饰较为独特，戴白尖帽，穿无领上衣、短裤，戴银手镯、胸前挂银项链、银鱼、银片。

哈尼族（云南 西双版纳）

西双版纳哈尼族姑娘原始时尚头饰
头饰由银饰、羽毛、彩珠、绒线、昆虫缀成。

哈尼族妇女传统头饰
银泡、彩珠、银圆混饰
（云南 西双版纳）

哈尼族妇女用珠串、银泡、花卉、竹圈组成的高冠头饰
（云南 西双版纳）

哈尼族姑娘传统头饰
（云南 西双版纳）

哈尼族姑娘传统头饰
（云南 西双版纳）

哈尼族姑娘银链银珠绒线头饰
（云南 红河）

哈尼族姑娘藤圈银泡缀缨高冠头饰
（云南 西双版纳）

哈尼族姑娘藤圈银泡高冠头饰
（云南 西双版纳）

○哈尼族

哈尼族弄门支系妇女传统头饰
（云南 红河）

哈尼族姑娘银冠头饰
（云南 红河）

哈尼族姑娘『一品红』花卉头饰
（云南 西双版纳）

哈尼族姑娘银泡彩色绒线头饰
（云南 红河）

哈尼族姑娘绣帕彩绳头饰
（云南 红河）

哈尼族老人头饰

哈尼族少女传统头饰
（云南 普洱 江城）

哈尼族妇女传统头饰
（云南 普洱 江城）

哈尼族少女传统头饰
（云南 红河 绿春）

哈尼族少女雕花牛骨传统头饰
（云南 西双版纳）

哈尼族姑娘银泡藤箍缀缨头饰

哈尼族妇女头帕斗笠日常头饰
（云南 西双版纳）

哈尼族姑娘的高冠传统头饰
（云南 普洱 澜沧）
十字彩珠饰条表示她已成年，可以谈恋爱了。

哈尼族女孩头饰背面

哈尼族女子缀满银饰彩珠的高冠头饰
（云南 西双版纳）

哈尼族妇女银泡绒线传统头饰

哈尼族奕车人女子白尖帽和鱼形银饰
（云南 红河）

哈尼族姑娘头饰
（云南 西双版纳 勐海）

哈尼族妇女红缨、珠贝、银项、藤圈头饰
（云南 西双版纳 勐海）

哈尼族妇女头饰
（云南 西双版纳）

哈尼族奕车人姑娘头饰
（云南 红河）

哈尼族女子传统高冠头饰
（云南 西双版纳）

哈尼族妇女日常头饰服
（云南 红河 绿春）

哈尼族卡多人女子头饰
（云南 普洱 墨江）

哈尼族女子银泡泡缀缨头饰

哈尼族妇女头饰
（云南 红河）

哈尼族妇女银泡头饰
（云南 普洱）

哈尼族妇女银饰藤圈头饰
（云南 西双版纳）

哈尼族少女头饰
（云南 西双版纳）

哈尼族老人传统头饰
（云南 西双版纳）

哈尼族少女头饰
（云南 西双版纳）

哈尼族已婚妇女头饰
（云南 红河）

○哈尼族

哈尼族姑娘传统头饰
（云南 红河 元阳）

哈尼族妇女传统头饰
（云南 普洱）

哈尼族女子传统头饰
（云南 红河 个旧）

哈尼族少女头饰
（云南 西双版纳 勐海）

哈尼族少女头饰（云南 红河 建水）

哈尼族女孩头饰（云南 红河）

哈尼族妇女头饰（云南 红河）

哈尼族少女头饰（云南 红河 绿春）

哈尼族少女头饰（云南 红河）

哈尼族男子金银、花卉、彩带装饰的高冠包头
（云南 西双版纳）

哈尼族男子传统头饰
（云南 西双版纳）

哈尼族青布包头插羽传统头饰
（云南 普洱 孟连）

哈尼族老人日常头饰
（云南 红河）

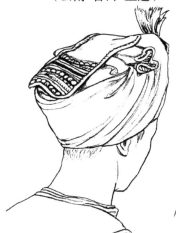

哈尼族男子传统头饰
（云南 西双版纳 勐海）

背面有银泡绣纹
（云南 普洱 孟连）

哈尼族男孩绒球银铃头饰
（云南 红河）

哈尼族鼓手服饰
（云南）

哈尼族新娘头饰
（云南 西双版纳 勐海）

哈尼族传统服饰
（云南 红河）

哈尼族新郎头饰
（云南 西双版纳 勐海）

哈尼族传统服饰
（云南 普洱 墨江）

哈尼族传统服饰
（云南 西双版纳）

哈尼族女子传统服饰
（云南 红河）

哈尼族老人穿多层衣服饰
（云南 红河）

哈尼族腰饰及服饰
（云南）

哈尼族妇女缀缨斗笠银头饰

哈尼族少女传统头饰服饰（云南 红河）

哈尼族姑娘传统服饰（云南 红河 元阳）

○哈尼族

哈尼族女子传统服饰
（云南）

哈尼族传统服饰
（云南 红河）

哈尼族奕车妇女传统服饰
（云南 红河）

哈尼族奕车人舞蹈传统服饰
（云南 红河）

・ 223 ・

哈尼族传统服饰（云南）

哈尼族口弦及服饰

哈尼族传统服饰
（云南 普洱 墨江）

哈尼族胸衣及服饰
（云南 西双版纳）

哈萨克族

　　哈萨克族是我国西北地区的少数民族，主要居住在新疆天山北部和东北部。

　　哈萨克族服饰具有牧区生活特点，服饰宽大而结实。冬穿羊皮大衣，袖长过手，腰束皮带。夏天，男子喜欢穿绣花高领衬衫。女子喜欢穿连衣裙。无论男女都穿长筒皮靴。妇女头饰主要戴"塔合亚"帽、"表尔克"帽和方头巾，用红、绿、黑色绒布做成的圆斗形帽子，顶端绣花卉图案、镶珠贝，插一撮猫头鹰羽毛。姑娘出嫁戴尖顶"沙吾克烈"帽，用金银珠宝缀饰，帽前沿吊有一排串珠。中老年妇女戴宽大头巾。小姑娘戴小花帽，帽顶端镶嵌有珠宝、玛瑙，插有猫头鹰羽毛。男子头饰戴三叶型白毡帽，帽檐上卷，四周镶黑边，帽顶呈方形。

哈萨克族姑娘传统头饰（新疆）

哈萨克族妇女日常头饰（新疆）

哈萨克族老年妇女传统头饰
（新疆）

哈萨克族青年头饰服饰（新疆）

○哈萨克族

哈萨克族新娘新郎头饰
（新疆）

哈萨克族姑娘舞蹈头饰
（新疆）

哈萨克族女子日常头饰
（新疆）

哈萨克族妇女头帕头饰
（新疆）

哈萨克族女孩节日头饰（新疆）

哈萨克族少女传统头饰
（新疆）

哈萨克族姑娘传统头饰（新疆）
头饰由绿帽、金片、银珠、黄巾组成。

哈萨克族女子传统头饰（新疆）

哈萨克族女子头饰　　　　哈萨克族妇女传统头饰　　　　哈萨克族女子头饰

哈萨克族姑娘头饰　　　　哈萨克族老人头饰　　　　哈萨克族女子头饰

哈萨克族传统头饰（新疆）　　哈萨克族老年妇女头饰（新疆）　　哈萨克族老人日常头饰（新疆）

哈萨克族老人头饰（新疆）　　　　哈萨克族男子传统头饰（新疆）　　　　哈萨克族男子头饰（新疆）

哈萨克族少女羽毛头饰（新疆）　　　　哈萨克族男子头饰（新疆）　　　　哈萨克族男子传统头饰（新疆）

哈萨克族女孩头饰（新疆）　　　　哈萨克族老人头饰（新疆）

哈萨克族妇女服饰（新疆）

哈萨克族日常服饰
（新疆）

哈萨克族传统服饰
（新疆）

哈萨克族头饰及花帽

哈萨克族传统服饰
（新疆）

哈萨克族舞蹈及服饰
（新疆）

哈萨克族传统服饰
（新疆）

黎族

　　黎族是我国东南、中南地区的少数民族，黎族主要居住在海南省三亚、东方、保亭、乐东、琼中、白沙、陵水、昌江、通什等县市，其余散居在万宁、屯昌、琼海、澄迈、儋县、定安等县市。

　　黎族服饰崇尚青色，妇女一般穿对襟无扣上衣和筒裙，有的地区穿套头式上衣，筒裙长不过膝，用工艺精美的黎锦制作，色彩缤纷，图案千变万化，是黎族服饰的一大特色。女子头饰多束发脑后，插以骨簪，或缠绣花头巾，或扎黑布包头，戴耳环、项圈和手镯。老年妇女缠青布包头，留红、绿色尾穗。男子穿对襟或斜襟无领上衣、过膝长裤短而宽大，头饰一般扎青布和黎锦作包头，或用 3 米多长的红布缠头。

黎族姑娘传统织锦头饰（海南）

○黎族

黎族女子头饰

黎族姑娘日常头饰（海南）

文面的黎族老年妇女（海南）

黎族男子头饰（海南）

黎族男子传统头饰（海南）

黎族男子头饰（海南）

黎族妇女传统头饰（海南）

黎族妇女传统头饰（海南）

黎族妇女头饰（海南）

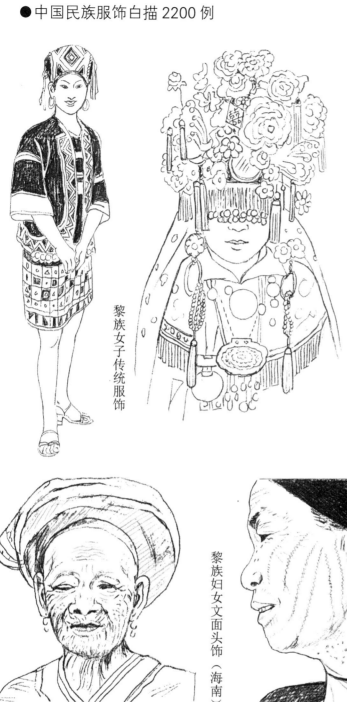

黎族女子传统服饰

黎族新娘盛装

黎族姑娘服饰（海南）

黎族妇女文面头饰（海南）

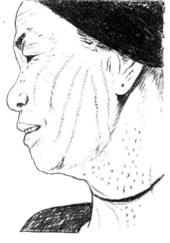

黎族妇女文面头饰（海南）

黎族妇女文面头饰（海南）

黎族妇女头饰（广东 海南）

　　黎族妇女文身主要是面部、胸部、手和腿。文身作为独特的文化现象，见证着黎族的文化发展历史。今天海南岛仍然健在的文身妇女已经不足 2000 人，平均年龄也将近 70 岁，古老的黎族文身习俗已经唱响最后的挽歌。

黎族妇女文面头饰（海南）

黎族妇女传统头饰

黎族新人婚礼头饰（海南）

黎族妇女传统头饰
（海南）

黎族姑娘节日头饰
（海南）

黎族妇女日常头饰
（海南）

黎族妇女传统头饰
（海南）

黎族老人头饰
（海南）

黎族妇女头饰
（海南）

黎族妇女服饰

黎族妇女古典传统服饰（海南）

黎族舞蹈《达达瑟》奇特头饰（海南）

黎族妇女传统服饰（海南）

黎族传统服饰（海南）

黎族妇女传统服（海南）

傣族

　　傣族是我国西南边疆的少数民族，主要居住在云南省西双版纳、德宏州，以及普洱、临沧、红河等地区。

　　傣族服饰，女子因地域而异，大多为白色或天蓝色紧身上衣，大襟或对襟圆领窄袖衫，穿各色长筒裙。女子头饰多姿多彩，有高髻、孔雀髻、螺髻等。孔雀髻是西双版纳傣族特有的发式，弧形髻发左斜于后颈，形似孔雀开屏；德宏地区傣族挽螺髻，将发梢自然垂于头后，更似孔雀尾巴。有的地区在髻上插梳子、花卉、珠串，或用淡色大毛巾缠头。还有花腰傣的银坠高包头、勐养旱傣银链红顶头饰，德宏傣族精致小篾帽、新平花腰傣的斗笠，戴时高高斜于前额，红河水傣的大斗笠，孟定、耿马傣族姑娘的精美小斗笠。男子穿对襟无领窄袖短衫、长管裤，有的地区穿围裙。头饰一般用白色或浅色布、绸缎作包头，末端垂丝穗或用花纹图案装饰。傣族古典头饰，依稀留在缅寺壁画和现代戏剧舞台上，但仍可见一斑。随着时光的推移，传统服饰或将消失。

傣族妇女传统孔雀髻头饰
（云南 西双版纳）

傣族姑娘传统头饰
（云南 西双版纳）

傣族姑娘头饰
（云南 德宏）

傣族妇女传统头饰
（云南 西双版纳）

孔雀公主舞台头饰
（云南 西双版纳）

缀满银泡的黑傣妇女传统头饰
（云南 红河 绿春）

傣族女子银链红顶高冠头饰
（云南 西双版纳 景洪）

傣族姑娘头饰
（云南 西双版纳）

傣族妇女日常头饰
（云南 西双版纳）

○傣族

傣族妇女头饰（云南 红河 元阳）

傣族老年妇女头饰（云南 红河）

傣族头饰后面

傣族妇女高髻头饰（云南 玉溪 新平）

金沙江畔傣族妇女的蓝色包头（云南 昆明 禄劝）

尖顶黑色头帕服饰

傣族妇女头饰（云南 红河 绿春）

傣族姑娘头饰（云南 红河 绿春）

傣族妇女传统头饰（云南 德宏）

傣族金色头饰（云南 德宏 陇川）

傣族姑娘头饰（云南 德宏）

傣族妇女头饰（云南 临沧 耿马）

傣族《孔雀公主》头饰（云南 西双版纳）

傣族少女头饰（云南 临沧 耿马）

耿马傣族妇女头饰（云南）

傣族姑娘传统头饰（云南 玉溪 新平）

傣族妇女传统头饰（云南 玉溪 元江）

傣族姑娘头饰（云南 玉溪 新平）

傣族姑娘斗笠头饰（云南 玉溪）

傣族妇女传统包头
（云南 普洱）

傣族妇女高包头头饰

傣族姑娘笋叶大斗笠头饰
（云南 红河）

傣族妇女头饰
（云南 玉溪 元江）

傣族姑娘头饰（云南 玉溪）

元江傣族妇女头饰
（云南 玉溪 元江）

傣族妇女头饰（云南 红河）

傣族女子服饰
（云南 玉溪 新平）

傣族男子日常头饰（云南 西双版纳）

傣族男子日常头饰（云南 德宏 瑞丽）

傣族老人白色包头（云南 德宏 瑞丽）

傣族青年头饰（云南 德宏 瑞丽）

傣族男子头饰（云南 德宏）

傣族赞哈头饰（云南 西双版纳）

傣族男子白色头饰（云南 西双版纳）

吹葫芦丝的傣族青年（云南 德宏 瑞丽）

升小和尚仪式中傣族男孩头饰
（云南 西双版纳）

傣族小和尚

傣族青年男子头饰
（云南 西双版纳）

傣族小和尚

傣族男子日常头饰

傣族姑娘日常服饰
（云南 西双版纳）

金水河傣族妇女服饰
（云南 红河）

20世纪50年代傣族女孩服饰
（云南 西双版纳）

傣族戏剧《召树屯与婻木诺娜》公主与王子头饰　　　　　傣族壁画人物头饰服饰

傣族壁画及舞台人物头饰

傣族缅寺壁画及舞台人物头饰（西双版纳）

傣族姑娘银簪、花卉、梳子、耳坠头饰
（云南 西双版纳 景洪）

傣族妇女的孔雀髻头饰
（云南 西双版纳）

傣族花腰傣支系传统服饰
（云南 玉溪 元江）

傣族妇女及男子日常服饰
（云南 德宏）

傣族舞蹈及日常服饰

傣族妇女传统服饰
（云南 玉溪 元江）

傣族传统服饰
（云南 德宏）

傣族壁画人物头饰

傣族象脚鼓舞者服饰
（云南　德宏）

傣族妇女日常服饰
（云南　德宏）

傣族姑娘服饰（云南　德宏）

20 世纪 60 年代傣族传统舞蹈服饰

20 世纪 50 年代傣族舞蹈服饰

20 世纪 70 年代傣族舞蹈服饰

20 世纪 50 年代傣族舞蹈
《孔雀舞》中的服饰

傣族服饰

傣族姑娘传统头饰
（云南 玉溪 元江）

傣族独特的竹笠头饰
（云南 玉溪 元江）

勐养傣族服饰

傣族传统服饰
（云南 红河）

傣族日常服饰
（云南 德宏）

傣族妇女服饰
（云南 西双版纳）

傣族传统服饰
（云南 红河 绿春）

摘荔枝的傣族妇女

小和尚服饰

傣族老人服饰

畲族

　　畲族是我国中南地区、东南地区的少数民族，主要居住在浙江省景宁畲族自治县，散居于福建、江西、广东、安徽等省部分山区。

　　畲族服饰，妇女较有特色，喜欢在衣服和围裙上刺绣各种花鸟鱼虫图案，有的地区不分季节都穿短裤、裹绑腿，束彩色丝带。女子头饰高髻垂缨，头戴竹冠蒙布，饰缨珞状。最具特色的是"凤凰冠"，用毛线、丝线和红头绳捆扎的长辫盘结于头顶，按年龄分为"小凤凰冠""大凤凰冠"和"老凤凰冠"等。女子至16岁，即穿成年人服饰，头戴银、铜簪冠，发簪多达100多根，少者也有60多根，似扇状，用红布条及数串圆珠缠头，戴大耳环。男子一般穿对襟短上衣、无领背心，着长裤，戴青、蓝或红布方巾，讲究戴红顶黑冠帽，帽檐镶有花边，帽后垂着近1米的彩色丝带。

畲族少女『小凤凰冠』传统头饰（福建）

畲族老人传统头饰（福建）

畲族女子传统头饰（福建）

畲族老年妇女头饰（福建）

○畲族

畲族姑娘时尚头饰（浙江 温州）

畲族少女头饰（浙江）

畲族妇女传统『老凤凰冠』头饰（浙江）

福建畲族妇女『大凤凰冠』头饰

畲族妇女头饰（福建）

畲族妇女传统日常头饰（福建）

畲族妇女传统头饰（福建 福州 罗源）

畲族妇女传统头饰（福建）

畲族女子头饰（福建 福州 罗源）

畲族妇女日常头饰

畲族女子头饰

畲族姑娘头饰

畲族新娘盛装头饰

畲族妇女头饰

畲族妇女节日头饰（福建）

畲族女子高冠头饰（浙江）

畲族女子传统古典头饰（浙江）

○畲族

畲族妇女传统古典头饰

畲族少女头饰（福建）

畲族传统服饰（福建）

畲族女子及老人传统服饰

畲族传统服饰（浙江）

畲族舞蹈服饰

畲族妇女服饰（福建）

畲族妇女传统服饰

畲族服饰及背腰装束

傈僳族

　　傈僳族是我国西南地区的少数民族，主要居住在云南省怒江傈僳族自治州，其余分布在丽江、保山、香格里拉、德宏、楚雄、大理等地区，四川省西昌、盐源、木里等地也有少数。

　　傈僳族服饰，方志中记载"饰以海贝""穿海贝盘旋为饰""男挽发戴簪，编麦草为缨络，缀以发间"。当今女子多以珊瑚、珠贝串缝为帽，胸前戴玛瑙、海贝或银项圈，已婚妇女戴大铜环或花布头巾。白、黑傈僳族女子穿右衽上衣、麻布或黑丝绒长裙。花傈僳女子服饰鲜艳，穿及地长裙。泸水一带的傈僳妇女则腰系一小围裙，穿长裤。傈僳族男子喜用青、黑、蓝、白布作包头，耳坠大铜环，节日佩戴珠贝饰带、银链、银片坠、绒线缨穗项圈，或戴高筒白帽，右侧垂以红巾，鲜明而别致。男子衣着，穿麻布长褂或短上衣，裤长普遍只到膝部，左腰佩砍刀，右腰挂箭袋。

傈僳族妇女传统头饰
（云南 怒江）

傈僳族男子头饰
（云南 保山 腾冲）

傈僳族舞蹈服饰

傈僳族传统节日服饰
（云南）

○傈僳族

傈僳族老人头饰（云南）

傈僳族青年女子头饰（云南）

傈僳族姑娘头饰

傈僳族妇女头饰（云南 迪庆 维西）

傈僳族妇女头饰（云南 迪庆 维西）

傈僳族妇女披搭式绣花头帕头饰（云南 保山 龙陵）

绣花头帕背面

傈僳族姑娘珠贝头饰（云南 怒江）

傈僳族姑娘头饰
（云南 怒江）

傈僳族妇女头饰
（云南 怒江）

傈僳族少女头饰
（云南 保山 龙陵）

傈僳族女子头饰
（云南 保山）

傈僳族少女头饰
（云南）

珠贝彩线缀成的傈僳族妇女头饰
（云南 怒江）

傈僳族姑娘头饰
（云南 德宏 梁河）

傈僳族老人头饰
（云南）

傈僳族姑娘头饰
（云南）

傈僳族妇女头饰
（云南 怒江 福贡）

傈僳族妇女头饰
（云南 丽江 华坪）

傈僳族女子头饰
（云南 迪庆 维西）

傈僳族少女服饰
（云南 保山 龙陵）

傈僳族老人头饰
（云南）

傈僳族男子头饰
（云南 保山 腾冲）

傈僳族妇女日常服饰
（云南 迪庆 维西）

傈僳族妇女服饰

傈僳族男子白高帽红巾头饰
（云南 怒江）

傈僳族祭司头饰
（云南 迪庆 维西）

用贝壳、羽毛、白银制作而成。

傈僳族男子头饰
（云南 迪庆 维西）

傈僳族男子头饰
（云南 迪庆 维西）

傈僳族男子传统节日头饰
（云南 迪庆 维西）

傈僳族男子头饰
（云南 丽江）

傈僳族女子头饰
（云南 丽江）

傈僳族青年男子头饰
（云南 丽江）

傈僳族妇女贝壳白
银传统头饰

20 世纪 30 年代傈僳族男
子头饰
（四川 凉山 木里）

○傈僳族

傈僳族妇女传统服饰

傈僳族服饰（四川 凉山 德昌）

傈僳族传统服饰

傈僳族歌者及服饰

傈僳族交杯酒及服饰
（云南 怒江）

傈僳族舞蹈《搓错》及服饰

傈僳族传统服饰
（云南）

傈僳族服饰（云南）

仡佬族

　　仡佬族是我国西南地区的少数民族，主要居住在贵州省西北部，少数分布在广西壮族自治区百色市隆林县和云南省文山州广南、富宁、马关等县。

　　仡佬族服饰，女子穿仅齐腰的短上衣，袖背上绣鳞状花纹，下穿无褶长筒裙，裙子上下为青、白色，中段为红色，用羊毛织成，外罩前短后长的青色无袖长袍，前后都绣有花纹，穿钩尖鞋。女子头饰多留长发，结婚时椎髻，常梳"盘龙髻""插花楼"等式样，髻上佩戴银、铜、玉质首饰，有的头上还压"汗梳"，包青色或白色头帕，戴耳环、耳珠和耳坠。姑娘偏爱编长辫，或垂于头后，或圈于头上，大多数妇女要在额上戴绣花布勒子和银勒子，已婚女子要扎马尾和青丝织成笼子罩于发髻，以示婚否。男子戴花格布、白色或青色头帕，穿对襟衣和胸襟衣，喜多钉纽扣，长衣齐脚背，短衣齐臂部，多为青蓝布。

仡佬族妇女头饰
（贵州）

仡佬族妇女红穗传统头饰
（贵州）

仡佬族女子服饰
（贵州）

仡佬族妇女节日头饰
（贵州）

仡佬族老人头饰
（贵州）

仡佬族妇女日常头饰
（贵州）

仡佬族女子头饰
（贵州）

仡佬族男子头饰

仡佬族男子传统头饰
（贵州）

仡佬族男子日常头饰
（贵州）

仡佬族傩戏面具（贵州）

　　此面具眼和牙是活动的，极为少见。戴此面具跳傩（娜）舞时不穿衣服，仅在腰间围遮羞布。

仡佬族傩戏面具八种（贵州 遵义 务川）

　　傩戏始于原始巫舞，现今民间多作"庆寿""还愿"祭奉仪式。演出内容为驱疫逐鬼、劳动生活、民间故事、神话传说等。傩戏少则四五人，多则十余人，有脸子（木雕脸壳）即此面具。

仡佬族男子传统头饰
（广西）

仡佬族妇女日常头饰
（贵州 遵义 道真）

仡佬族女孩头饰
（贵州 遵义 道真）

仡佬族节日传统服饰（贵州）

仡佬族传统服饰
（贵州）

仡佬族女子节日头饰
（贵州）

仡佬族妇女日常服饰
（贵州）

仡佬族服饰
（贵州）

东乡族

东乡族是我国西北地区的少数民族，主要居住在甘肃省临夏回族自治州，其余散居东乡族自治县、积石山、广河、和政、临夏等县市及新疆伊犁地区。

东乡族服饰崇尚白色，妇女穿右衽短上衣，罩对襟坎肩，着长裤，或穿圆领连衣长裙，罩V领对襟短衫。妇女戴丝绸制成的"盖头"，少女及新婚少妇戴绿色的，中年妇女戴青色的，老年妇女戴白色的。男子穿右衽长衫，系腰带、吊绣花荷包及短刀，穿长裤。有的穿白色衬衣、罩深色V领马褂，穿长筒皮靴，一般喜爱戴白色或黑色无檐圆形"号帽"。

东乡族女子头饰（甘肃）

东乡族妇女头饰（甘肃）

东乡族青年头饰（新疆）

东乡族女子日常头饰

东乡族姑娘头饰（甘肃）

东乡族妇女头饰（甘肃）

东乡族老人头饰（甘肃）

东乡族老人头饰（甘肃）

东乡族男子头饰（甘肃）

东乡族青年头饰

东乡族老人头饰（甘肃）

东乡族老人头饰

东乡族男子服饰

东乡族传统服饰（甘肃）

东乡族服饰

东乡族日常服饰

东乡族青年传统服饰
（甘肃）

拉祜族

　　拉祜族是我国西南地区的少数民族，主要分布在云南省西南部的澜沧、孟连、西盟、双江、耿马、沧源等县。

　　拉祜族崇尚黑色，拉祜西妇女穿无领对襟短衫，胸前袖口缀饰彩色布条和几何图形拼花布块，下着长筒裙；拉祜纳仍保留着南迁前北方服饰的特点，穿开叉很高的长袍，右襟、衣领和衩口两边都镶有彩色几何图形布块或布条，内穿花格长筒裙。妇女裹3米多长的黑布头巾，末端缀彩穗，长垂腰际，戴银耳环。有的地区女子用3米多长的靛蓝布对半打包头，余后为饰。临沧拉祜女子银泡彩带头饰甚为华丽；澜沧拉祜女子七彩绣帕缀珠头饰美丽多姿。苦聪人女子则戴藤箍，缀以银泡、彩色绒线球。拉祜族男子穿无领右衽大襟衫和宽大长裤，裹黑布包头，也有的戴黑色瓜皮帽或缀缨小帽。

拉祜族妇女传统头饰
（云南 澜沧）

拉祜族女子日常头饰
（云南 澜沧）

拉祜族女子头饰　　　　　　　拉祜族妇女头饰　　　　　　　拉祜族姑娘头饰

拉祜族青年男子蓝色包　　拉祜族青年男子白色包　　拉祜族青年男子黄底　　　拉祜族妇女白珠七色彩带头饰背面
头头饰　　　　　　　　　头头饰　　　　　　　　　红线包头头饰　　　　　　　（云南 临沧）
　　　　　　　　　　　　　　　　　　　　　　　（云南 临沧 双江）

拉祜族妇女彩线绣帕头饰（云南 普洱 澜沧）　　　　拉祜族老人传统服饰（云南 临沧）

拉祜族男子头饰
（云南 普洱 澜沧）

黑底白红纹，缀缨小帽。
拉祜族男子头饰
（云南 金平）

拉祜族男子传统头饰
（云南 普洱 澜沧）

拉祜族姑娘彩珠银铃头饰
（云南 红河 绿春）

拉祜族妇女银泡藤箍缀缨头饰
（云南 金平）

拉祜族姑娘传统头饰
（云南 红河 绿春）

拉祜族女子头饰
（云南 普洱 澜沧）

拉祜族男子头饰
（云南 普洱 澜沧）

拉祜族老人青黑包头
（云南 普洱 澜沧）

拉祜族女子头饰（云南 普洱 澜沧）

拉祜族姑娘日常头饰（云南 普洱 澜沧）

拉祜族姑娘头饰
（云南）

拉祜族姑娘藤圈银泡缀缨头饰
（云南 红河 金平）

拉祜族少女头饰
（西双版纳）

拉祜族老人传统头饰
　　在澜沧，有些老人头顶留有一
撮"魂"毛，这是原始信仰的遗留。

拉祜族妇女靛蓝色包头长达三米多
（云南 普洱 澜沧）

拉祜族头饰、挎包、背饰

临沧拉祜族传统服饰
（云南）

拉祜族苦聪人传统服饰
（云南 红河 金平）

拉祜族老人头饰
（云南）

拉祜族女子头饰、胸饰

○拉祜族

拉祜族日常服饰

拉祜族苦聪人日常服饰

背挎包背篓的拉祜族女子

拉祜族苦聪人传统服饰
（云南）

拉祜族女子与男子日常服饰

拉祜族吹芦笙的男子
（云南 临沧）

拉祜族男女服饰

拉祜族传统服饰
（云南 普洱 澜沧）

采茶女及传统服饰

拉祜族象脚鼓与葫芦笙

水族

　　水族是我国西南地区的少数民族，水族主要居住在贵州省三都水族自治县，其余分布在荔波、独山、都匀，以及广西南丹、融水、河池和云南富源地区。

　　水族服饰，男子穿大襟短衫，罩对襟坎肩，剃发光头，缠青布或白布包头。女子穿蓝布或青布无领大襟半长衫，系有花饰的围腰，挂银链，穿青布长裤，扎白色或青色布包头，头巾收扎于颈后，形象古朴。有的女子发式仍保留挽髻于顶的古老形式，外包方格花巾。银头花、银角叉是新娘特有的饰物。传统配饰还有银压领、银梳、银篦、银项圈等。

水族姑娘传统头饰（贵州）在高髻上饰雕花银冠，胸佩吉祥物『拐』，象征庄重、吉祥、万事如意。

水族姑娘传统头饰
（云南 曲靖 富源）

水族女子头饰（云南）

水族少女银牌头饰

水族母子头饰（贵州）

水族妇女头饰

水族男子日常头饰

水族"吞口"是鱼王的化身

水族少女的青色包头
（贵州）

水族中年妇女白色头饰
（贵州）

水族儿童头饰（贵州）

水族少女头饰
（贵州 黔南 三都）

水族妇女日常头饰
（贵州）

水族妇女头饰
（云南）

水族妇女白色包头银项圈头饰
（贵州）

水族妇女日常头饰

水族妇女日常头饰

水族妇女的黑色包头
（云南）

水族女子花格巾头饰
（云南）

水族传统服饰
（贵州）

水族妇女传统服饰

水族妇女传统服饰
（广西）

水族妇女传统服饰

水族妇女传统服饰
（云南）

水族女子传统服饰（云南）　　　　　　　水族舞蹈及服饰（云南）

水族妇女传统服饰（云南）

佤族

　　佤族是我国西南边疆的少数民族，主要分布在云南省西盟、沧源县，耿马、双江、镇康、永德、澜沧、孟连等地也有分布。

　　佤族服饰尚黑，妇女穿前后开口无领短衣，裙子长；有的穿长袖衣，裙子稍短；有的穿短袖衣，短裙。头饰多留长发，戴银箍、银耳环或耳塞，颈戴银项圈和数条彩色珠串，腰围黑漆竹圈、臂戴有银镯，腿部戴有竹圈或藤圈。佤族男子穿无领短上衣，裤子短而肥大，以红布或黑布缠头，喜欢挎弓弩和长刀。

20世纪50年代佤族妇女纺织及日常服饰
（云南 普洱 孟连）

佤族妇女传统头饰
（云南 普洱 西盟）

20世纪50年代佤族妇女日常头饰
（云南 普洱 西盟）
硕大的银耳塞今已少见。

戴红穗银耳塞的佤族妇女

佤族女子传统头饰
（云南 普洱 西盟）

佤族妇女传统头饰
（云南 临沧 耿马）

佤族姑娘传统头饰
（云南 普洱 西盟）

沧源佤族妇女蓝包头、大银耳
坠、银项链传统头饰

佤族老人白包头、大银耳坠、
银项链头饰

佤族采茶及日常头饰

沧源佤族老人日常头饰
（云南）

佤族妇女日常头饰
（云南 临沧 沧源）

佤族女子头饰

佤族新郎红色头饰缀
有银泡的图案

佤族新娘头饰

佤族老人日常头饰
（云南 临沧 沧源）

佤族妇女头饰
（云南 普洱 西盟）

佤族妇女头饰
（云南 普洱 孟连）

佤族妇女头饰
（云南 临沧 沧源）

佤族妇女传统头饰
（云南 普洱 孟连）

佤族女子银箍珠串头饰
（云南 普洱 西盟）

佤族女子头饰
（云南 普洱 西盟）

黄衣佤族妇女日常头饰
（云南 临沧 耿马）

佤族姑娘头饰
（云南 普洱 西盟）

佤族女子紫红、黑底银泡传统头饰
（云南 普洱 孟连）

佤族男子传统头饰
（云南 普洱 西盟）

佤族男子传统头饰
（云南 临沧 沧源）

扎红色包头的佤族男子
（云南 普洱 西盟）

佤族老人头饰
（云南 临沧 沧源）

佤族男子传统头饰
（云南 普洱 西盟）

佤族青年男子的红色头饰

佤族女子传统银箍、银耳坠头饰
（云南 普洱 西盟）

佤族男子红色包头头饰

戴大耳塞的佤族妇女
（云南 普洱 西盟）

佤族女子传统头饰
（云南 普洱 西盟）

佤族老人头饰（云南 临沧 沧源）

佤族男子头饰（云南 临沧 沧源）

佤族男子红色包头、银泡头饰

佤族祭司『魔巴』头饰

佤族男子节日头饰

佤族老人粉红包头头饰
（云南 临沧 沧源）

佤族木鼓及传统服饰

佤族传统服饰
（云南 普洱 西盟）

20世纪50年代佤族传统服饰
（云南 普洱 西盟）

佤族舞蹈及服饰
（云南 普洱 西盟）

沧源佤族采茶女及服饰

佤族妇女舂米及日常服饰
（云南 普洱 西盟）

纳西族

纳西族是我国西南地区的少数民族，主要分布在云南省丽江、香格里拉及四川省木里、盐源、盐边和西藏芒康等地。

纳西族服饰很有特色。妇女穿宽腰大袖的大褂，外加坎肩，下穿长裤，系多褶围裙，背披羊皮披肩，上面缀有刺绣精美的日月和七星，象征"披星戴月"。纳西族"惟妇髻辫发百般，用三寸横木于顶，挽而束之"，是其原始头饰。今用彩色绒线与发髻相缠为头饰，缀以花卉、珠串。老年妇女多打蓝色包头，末端绣红绿纹线。男子穿右衽上衣，系直条纹腰带或皮腰包、别精美短刀，戴毡帽或扎红色包头。

纳西族摩梭人姑娘珠串插花头饰
（云南 丽江 宁蒗）

纳西族妇女传统头饰
（云南 丽江）

纳西族老人传统头饰
（云南 丽江）

纳西族老人日常头饰
（云南 丽江）

纳西族妇女头饰（四川 凉山 木里）
以银花和彩色毛线装饰头部，下
着长裙。

纳西族妇女头饰
（云南 怒江 兰坪）

纳西族摩梭人妇女传统头饰
（云南 丽江 宁蒗）

20世纪30年代，纳西族摩梭人妇女头饰（云南 丽江 宁蒗）

青年妇女用黑丝线缠发辫为大包头，以愈大为愈美，有的包头重达数斤。

纳西族妇女头饰　　　纳西族摩梭人姑娘头饰（云南 丽江 宁蒗）　　　纳西族民间舞蹈《阿哩哩》服饰

纳西族摩梭人中年男子日常头饰（云南 丽江 宁蒗）

纳西族中年男子的玫瑰红色包头

纳西族老年妇女服饰（云南 丽江）

纳西族女子头饰
（云南 丽江）

纳西族东巴文化的传承者——东巴头饰

纳西族妇女用彩色绒线与发辫
相缠的传统头饰

纳西族摩梭人男子日常头饰
（云南 丽江 宁蒗）

祭祀仪式上纳西族东巴头饰
（云南 丽江）

纳西族东巴舞者头饰
（云南 丽江）

纳西族东巴头饰
（云南 丽江）

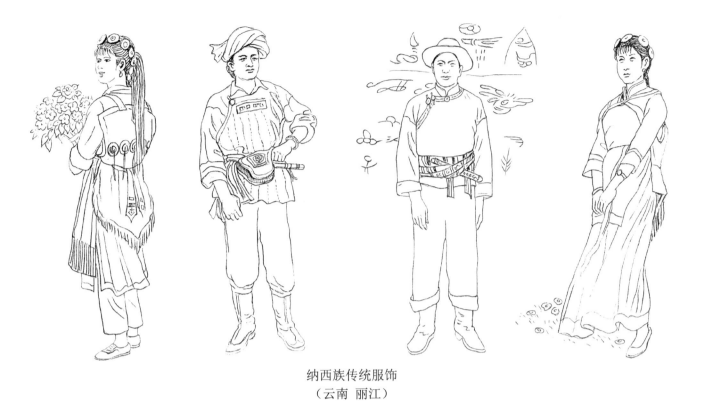

纳西族传统服饰
（云南 丽江）

纳西古乐演奏
（云南 丽江）

披"七星"女子服饰
（云南 丽江）

纳西族日常服饰
（云南 丽江）

果园中纳西族妇女日常服饰（云南 丽江）

纳西族东巴舞者服饰

披羊皮披肩的纳西族妇女
（云南 丽江）

纳西族老人传统服饰

纳西族摩梭人女子传统服饰
（云南 丽江）

羌族

羌族是我国西南地区的古老民族，主要居住在四川阿坝茂县、汶川、理县、黑水、松潘和绵阳市的北川等地。

羌族服饰，妇女一般穿麻布衣衫，衣服上都绣有鲜艳美丽的小花边，衣领上镶有图案，束腰带、缠绑腿、穿"云云鞋"或高筒皮靴。女子喜欢将辫子留得又粗又长，盘于脑后，头发上常包绣有各色图案的白布包头，或用瓦状的青蓝布叠顶于头上，用两根发辫盘绕作鬃，一般包四方头巾或绣花头帕。有的地区女子仍保留戴白金色"万年孝"头帕的习俗。羌族男子喜缠青色或白色头帕，穿麻布长衫，外套无袖羊皮褂，腰系吊刀、皮裹兜子和火镰、缠绑腿、穿高筒皮靴。

1934年，羌族妇女头饰（四川）
　　头缠白布，耳戴银环胸前
佩戴银质项圈、锁片、穿麻布
长衣罩毡子。

羌族妇女传统头饰
（四川）

○羌族

羌族妇女传统头饰
（四川）

羌族女子头饰
（四川 阿坝 汶川）

羌族妇女头饰
（四川）

羌族女子头饰
（四川）

羌族青年女子头饰
（四川 绵阳 北川）

羌族妇女白色头巾传统头饰
（四川 阿坝 茂县）

戴织锦、银佩青布包头的羌族妇女
（四川）

羌族女子头饰
（四川）

戴黑白红蓝色相间头帕四方帽
的羌族女子（四川）

羌族老人头饰

羌族婚礼伴娘头饰

羌族新娘、新郎头饰

羌族女子头饰
（四川）

羌族女子头饰
（四川）

羌族青年头饰
（四川）

羌族女子节日头饰
（四川）

○羌族

羌族男子头饰（四川）

包头插野鸟翎的羌族男子
（四川）

吹羌笛的羌族老人
（四川）

吹羌笛的羌族男子
（四川）

羌族姑娘头饰
（四川）

羌族妇女头饰
（四川）

羌族女子传统头饰
（四川）

羌族妇女儿童头饰
（四川 阿坝 茂县）

羌族妇女头饰
（四川）

羌族姑娘头饰
（四川 阿坝 汶川）

羌族妇女服饰（四川）

羌族祭司「释比」头饰

戴猴头帽的「释比」

羌族祭司「释比」传统头饰

羌族服饰（四川）

羌族传统服饰（四川 绵阳 北川）

羌族服饰背饰

羌族传统服饰

羌族羌笛及传统服饰

羌族传统服饰（四川）

土族

　　土族是我国西北地区的少数民族，主要居住在青海省互助、大通、民和、门源等县，少部分居住在甘肃省天祝、永登县等地。

　　土族服饰具有独特的风格，妇女穿绣花小领镶花边的斜襟长衫，袖子用五色布做成，外套为黑、蓝、紫色镶有花边的坎肩。女子传统头饰讲究，有八九种之多，称为"扭达尔"，有"丹凤头""三尖头""蜂儿头"等，大半用红丝线缀成。姑娘一般梳三条辫子，在后面合编成一条大辫，根部和顶端扎红绿头绳，有的戴坠有珠串的绣花额带，挂贝壳、料珠项圈。男女上衣都为绣花高领。男子常穿小领斜襟、袖镶黑边的长衫，穿大裆裤，系两头绣花的长腰带，戴红缨毡帽和"鹰咀啄食"白毡帽，穿云纹布鞋，小腿扎上为黑色、下为白色的腿带。

土族女子传统古典头饰
（青海 海东 民和）
丹凤头用珊瑚珠和一只展翅的小
飞凤做成，走动时小飞凤颤颤欲飞，
相传是宋朝丹阳公主的装束。

土族妇女盛装头饰
（青海）

○土族

土族妇女传统头饰「加斯扭达」（青海）

土族妇女传统头饰「格扭达」

土族妇女传统头饰（青海）

土族姑娘头饰

土族妇女传统服饰（青海）

土族妇女头饰（青海 海东 互助）

土族女子传统头饰（青海）

土族妇女日常服饰（青海）

土族少女头饰（青海 海东 民和）

土族男子头饰（青海）

土族青年男子头饰（青海）

土族妇女传统头饰（青海）

土族妇女日常头饰（甘肃）

土族妇女节日传统头饰（青海）

土族妇女传统翻檐帽头饰

土族妇女传统头饰「格扭达」背面

土族女子古装头饰「格扭达」（青海）

○土族

土族男子传统头饰（青海）

土族男子日常头饰（甘肃）

土族女子传统头饰（青海）

土族老人头饰（甘肃）

土族女子传统古典头饰（青海）

土族妇女传统头饰（青海）

土族妇女节日传统头饰（1930年 青海）

土族少女头饰（青海）

土族传统服饰
（青海）

土族妇女传统服饰
（青海）

土族节日盛装服饰
（青海）

土族女子传统服饰

土族传统服饰
（青海）

土族妇女传统服饰
（青海）

仫佬族

仫佬族是我国东南地区的少数民族，主要居住在广西罗城仫佬族自治县，其余散居在柳城、都安等十几个县。

仫佬族服饰，崇尚青蓝色，妇女穿右衽斜襟上衣、着长裤，裤脚镶花边。女子爱梳辫盘髻，戴精致耳环、或绣花缀缨头箍。男子爱穿对襟短上衣、着长裤。缠青色或花格布包头。

仫佬族妇女头饰
（广西 来宾 忻城）

仫佬族妇女传统头饰
（广西）

仫佬族妇女头饰
（广西）

○仏佬族

仏佬族姑娘传统头饰（广西）

仏佬族妇女传统头饰（广西）

仏佬族妇女日常头饰

仏佬族男子传统头饰（广西）

仏佬族男子日常头饰（广西）

仏佬族青年传统头饰（广西）

仏佬族女子日常头饰（广西）

仏佬族姑娘头饰（广西）

仏佬族男子服饰（广西）

仫佬族传统服饰（广西）　　　　　　　　　仫佬族对歌时的日常服饰（广西）

仫佬族妇女传统服饰　　　　仫佬族妇女传统服饰　　　　仫佬族传统服饰
（广西）　　　　　　　　　（广西）　　　　　　　　　（广西）

锡伯族

锡伯族是我国西北地区的少数民族，主要分布在新疆察布查尔、霍城、巩留，辽宁开原、义县、北镇、新民、凤城，吉林扶余，以及内蒙古东北部也有分布。

锡伯族服饰，姑娘们都梳一条长辫，婚后梳双辫，盘头翘。新娘戴红布额箍，插簪子、银鬓钗和绢花，额檐下垂串珠或金银饰物，形似凤冠。老年妇女多包白色头巾和青色"秋坤"棉帽，伊犁地区妇女保留穿长袍和短衣，戴圆顶小帽或绿色毡帽，穿白袜绣花鞋。

锡伯族女子头饰（新疆）

锡伯族妇女头饰（内蒙古）

锡伯族女子头饰（新疆）　　　　锡伯族妇女服饰（吉林）　　　　锡伯族妇女头饰（吉林）

锡伯族妇女头饰
（新疆）

锡伯族女青年头饰
（新疆）

锡伯族妇女节日头饰
（内蒙古）

锡伯族男子头饰
（内蒙古）

锡伯族男子头饰
（吉林）

锡伯族老人头饰（吉林）

锡伯族男青年头饰（内蒙古）

锡伯族男子头饰（新疆）

锡伯族传统服饰（新疆）

锡伯族传统头饰（新疆）

锡伯族传统服饰（吉林）

锡伯族传统舞蹈服饰（新疆）

锡伯族舞蹈服饰（吉林）

锡伯族传统服饰（新疆）

锡伯族妇女服饰（新疆）

柯尔克孜族

　　柯尔克孜族是我国西北地区的少数民族，主要分布在新疆克孜勒苏柯尔克孜自治州，其余分布在伊犁、塔城、阿克苏和喀什等地，黑龙江富裕县也有少数。

　　柯尔克孜族服饰，妇女多穿宽大无领对襟上衣，上缀银扣，长裙多褶，下端多镶皮毛。妇女戴镶嵌珠贝、银饰的高冠帽，一排银圆垂吊额前，外罩绣花大头巾，头巾四边缀蒲彩色绒线缨坠，雍容华贵，庄重富丽。青年女子多系红、绿色头巾，老年妇女则系白色头巾，有的姑娘爱戴尖顶红色高冠帽，帽上缀珠、绣有图案花纹、顶端插一束羽毛，下端四周垂吊红色珠串，光彩夺目。男子穿白色绣花边的圆领衬衫，外套羊皮或黑、蓝色无领长衫，无论老少常戴绿、紫、蓝色圆领顶灯芯绒小帽，外加高顶卷檐皮帽，帽顶为方形。

柯尔克孜族妇女传统头饰
（新疆）

柯尔克孜族妇女日常头饰
（新疆）

戴羽毛红色珠串的柯尔克
孜族女子头饰（新疆）

柯尔克孜族妇女节日盛装头饰
（新疆）

柯尔克孜族少女传统头饰
（新疆）

柯尔克孜族新娘头饰
（新疆）

柯尔克孜族少女头饰（新疆）

柯尔克孜族女子头饰（新疆）

柯尔克孜族传统头饰（新疆）

柯尔克孜族姑娘头饰（新疆）

柯尔克孜族妇女头饰（新疆）

柯尔克孜族男子头饰（新疆）

柯尔克孜族少女头饰（新疆）

柯尔克孜族妇女头（新疆）

柯尔克孜族妇女头饰（新疆）

柯尔克孜族男子头饰
（新疆）

柯尔克孜族老人头饰
（新疆）

柯尔克孜族传统头饰
（新疆）

柯尔克孜族新嫁娘传统服饰（新疆）

柯尔克孜族妇女传统头饰（新疆）

柯尔克孜族妇女头饰（新疆）

柯尔克孜族歌舞传统服饰
（新疆）

柯尔克孜族妇女传统头饰
（新疆 克孜勒苏）

柯尔克孜族服饰
（新疆）

柯尔克孜族男子传统服饰
（新疆）

柯尔克孜族妇女传统服饰
（新疆）

柯尔克孜族舞蹈服饰
（新疆）

柯尔克孜族日常服饰
（新疆）

达斡尔族

达斡尔族是我国东北边疆少数民族，主要分布在内蒙古呼伦贝尔市莫力达瓦达斡尔自治旗、鄂温克族自治旗，少数分布在新疆塔城市。

达斡尔族服饰，男子穿对襟高领长袍，领口、袖口都绣有花纹图案，系腰带，穿皮靴，扎白布包头，戴草帽，冬季戴护耳毛帽。妇女穿各色绣花绸缎做的高领右襟长衫，外套坎肩，女子头饰具有草原民族特色，大多身穿"袍服"，佩以白色毛帽，缀上珠宝，或戴圆形花帽，饰以花卉、珠串、耳环和耳坠。

达斡尔族妇女头饰
（内蒙古）

达斡尔族妇女传统头饰
（内蒙古）

达斡尔族女子头饰
（内蒙古）

达斡尔族传统头饰
（内蒙古）

达斡尔族男子头饰
（内蒙古）

达斡尔族新娘和伴娘头饰（内蒙古 呼伦贝尔）

达斡尔族男子头饰　　　　　达斡尔族女子头饰　　　　达斡尔族女子舞台头饰
　　（内蒙古）　　　　　　　　（内蒙古）　　　　　　　　（内蒙古）

达斡尔族女子头饰
（黑龙江）

达斡尔族老人头饰
（黑龙江）

达斡尔族妇女服饰

达斡尔族老人头饰
（黑龙江）

达斡尔族妇女传统服饰
（内蒙古）

达斡尔族老人传统服饰
（内蒙古）

达斡尔族妇女传统服饰
（内蒙古）

达斡尔族服饰

达斡尔族服饰
（内蒙古）

达斡尔族新娘服饰
（内蒙古）

景颇族

　　景颇族是我国西南地区的少数民族，主要居住在云南省的芒市、盈江、陇川、梁河、瑞丽、泸水、腾冲、澜沧等地。

　　景颇族服饰尚黑。男子多穿黑色圆领对襟短袖衫，裤子短而宽大，包黑布或白布包头，包头末端缀若干彩色小绒球。景颇族祭司头戴"犀鸟冠"或"太阳帽"。妇女穿黑色圆领对襟窄袖衫，饰以银扣和银泡，下穿用红、黑、黄、绿各色织出各种图案的筒裙。传统头饰为红底织锦高冠帽，上缀许多彩色小绒球，戴银耳坠、银项链、胸部饰披肩"龙鳞"（即银泡）独具民族特色。中老年妇女缠黑布包头，年轻女子在黑包头上缀以珠宝、银坠和花卉，戴银项圈、银耳坠，珠光宝气、华丽多彩。

景颇族女子传统头饰
（云南 德宏）

景颇族妇女传统头饰
（云南）

景颇族姑娘头饰
（云南）

七彩绒线花朵装饰的景颇族妇女（云南 怒江）

景颇族妇女头饰（云南 怒江）

景颇族女子头饰（云南 怒江）

景颇族男子头饰
（云南 德宏）

景颇族青年头饰
（云南 德宏）

景颇族男子传统头饰

景颇族男子节日头饰
（云南 德宏）

景颇族男子头饰
（云南 德宏）

景颇族女子盛装

相传，景颇族的始祖宁贯娃娶龙女为妻，繁衍后代，银饰衣即是始祖母的龙鳞所变，人们穿银饰衣是对始祖母的纪念，认为这些有灵气的银泡，可以保佑后代吉祥平安。

景颇族妇女传统头饰
（云南 德宏 陇川）

景颇族祭司的「太阳帽」头饰
（云南 德宏）

景颇族青年头饰
（云南 德宏）

景颇族男子头饰
（云南 德宏）

景颇族少女传统头饰
（云南）

插羽毛兽骨的领舞祭司头饰
（云南）

景颇族"目瑙纵歌"领舞者头饰
头饰由犀鸟、羽毛、绒球、彩带组成。

景颇族服饰

景颇族服饰

景颇族服饰

吹葫芦丝的景颇族青年和少女服饰

『目瑙纵歌』节日服饰

景颇族服饰

毛南族

　　毛南族是我国中南部的少数民族，主要居住在广西环江，河池、南丹、都安等地也有少数居住。

　　毛南族服饰，男女都喜欢穿蓝色或青色大襟、对襟衫。妇女穿镶有两道花边的右开襟上衣，裤子较宽并滚边，留着发髻、爱戴手镯，胸前佩银、玉饰品，特别喜欢戴花竹帽。男子头饰蓄短发或包青布包头。

毛南族女子花帽头饰
（广西 河池 环江）

毛南族妇女头饰
（广西）

毛南族姑娘日常头饰

毛南族女子传统头饰
（广西 河池 环江）

毛南族傩戏

毛南族妇女日常头饰、传统服饰
（广西）

毛南族傩舞面具

毛南族妇女日常服饰
（广西）

毛南族男子头饰
（广西）

毛南族青年服饰
（广西）

毛南族男子服饰
（广西）

毛南族传统服饰
（广西 河池 环江）

毛南族传统服饰
（广西 河池 环江）

毛南族传统服饰及舞蹈
（广西）

毛南族妇女服饰
（广西）

撒拉族

撒拉族是我国西北地区的少数民族，主要居住在青海省循化、化隆县，以及甘肃积石山、青海西宁、新疆乌鲁木齐、伊犁等地。

撒拉族服饰，男子多穿对襟短衣，外罩大领坎肩，戴各式圆顶"号帽"，或扎包头、戴小白帽，系腰带、着长裤、穿布鞋。女子多穿高领斜襟长衫，也有的穿连衣长裙，罩上无领宽大短袖长衫，喜欢戴用柔软透亮的纱绸制的"盖头"。

撒拉族女子传统头饰
（青海）

撒拉族姑娘头饰
（青海）

撒拉族妇女头饰
（青海 海东 循化）

撒拉族妇女古典传统头饰
（青海）

撒拉族女子传统头饰
（新疆）

撒拉族女子日常头饰
（青海）

撒拉族孩子的圆顶帽

撒拉族孩子头饰

撒拉族妇女绿色日常头饰
（青海）

撒拉族男子日常头饰

撒拉族男子传统头饰（青海）

撒拉族男子头饰

着绿色盖头的撒拉族妇女
（青海）

撒拉族老人头饰
（青海）

撒拉族传统服饰
（青海 海东 循化）

撒拉族歌舞及传统服饰
（青海 海东 循化）

撒拉族传统服饰
（青海 海东 循化）

撒拉族服饰
（青海 海东 循化）

布朗族

　　布朗族是我国西南边疆的少数民族，主要分布在云南省勐海县的布朗山、巴达、西定、打洛等地，其余分布在澜沧、景东及临沧的镇康、永德、耿马等县。

　　布朗族服饰古朴，男子穿对襟无领短衣和黑色宽大长裤，包黑布或白布包头，有纹身习俗。妇女穿左右两衽黑色无领窄袖紧身短衫，下穿织有红、白、蓝三色条纹的黑色筒裙，头上挽发髻，外缠黑色大包头，发髻上饰以银牌、银簪、银链、插上花卉，佩戴银耳柱，缀彩珠绒球等饰物。

布朗族妇女传统头饰
（云南 西双版纳 勐海）

　布朗族妇女的头簪有
三个螺纹形银嵌饰，传说
古时有一个少女，因拾得
一个有三个尾部额螺壳，
簪于头上，容颜一日三变，
美貌绝伦，后人因而仿之。

布朗族姑娘头饰（云南 西双版纳 勐海）

○布朗族

布朗族妇女头饰

布朗族老人头饰

布朗族男子传统头饰

布朗族青年头饰

布朗族姑娘头饰
（云南 普洱 墨江）

布朗族妇女头饰

布朗族妇女传统头饰
（云南 西双版纳 勐海）

布朗族妇女传统头饰

布朗族母子头饰

布朗族姑娘花卉头饰

布朗族女子头饰

布朗族女子头饰

布朗族女子头饰
藏青色大包头上有一条红布
条，耳饰：彩色绒线球、银饰。

布朗族男子头饰（云南 临沧 双江）
戴穗黑色包头上插铜烟锅

○布朗族

布朗族姑娘时尚头
饰、服饰

布朗族妇女日常传统服饰
（云南 西双版纳 勐海）

20世纪50年代，布朗族姑娘服饰
（云南 西双版纳 勐海）

布朗族新人服饰
（云南 西双版纳 勐海）

布朗族传统服饰、小三弦
（云南 西双版纳 勐海）

布朗族传统服饰、民间舞乐（云南 西双版纳 勐海）　　　　　　　　布朗族妇女传统服饰

布朗族服饰（云南 西双版纳 勐海）　　　　　布朗族妇女传统服饰（云南 西双版纳 勐海）

塔吉克族

塔吉克族是我国西北地区的少数民族，主要分布在新疆西南部塔什库尔干，少数散居在帕米尔南侧的莎车、泽普、叶城、皮山等县。

塔吉克族服饰颇具中西风格，男子穿斜领无扣长袍，多为青、蓝、白色，外套黑条绒"裕袢"，系腰带，衣领、腰带及荷包上绣满花卉图案，戴黑羊羔皮帽，别具特色。妇女大都戴用白布或淡色花布绣制的"勒塔帽"，节日帽檐上装饰一排"斯拉斯拉"小银链，戴大耳坠及珠贝项链。服饰要求带花，尤喜红色，穿短装着裙子，腰扎花带，或腰后围一块大绣花布。妇女除了穿长裤外，普遍穿深色连衣筒裙。传统头饰是在圆顶绣花棉帽上盖以长纱巾，脑后挂有圆珠或银质大线串作发饰，晶莹夺目。

塔吉克族女子传统服饰
（新疆）

塔吉克族妇女头饰
（新疆 喀什 塔什库尔干）

塔吉克族妇女头饰
（新疆 喀什 塔什库尔干）

塔吉克族姑娘华丽的头饰（新疆）
头饰由珠宝、鲜花、白巾纱布组成。

塔吉克族妇女儿童日常头饰（新疆 喀什 塔什库尔干）

塔吉克族老人传统头饰（新疆）

塔吉克族妇女头饰（新疆）

塔吉克族女子头饰（新疆）

头饰华丽的塔吉克族妇女（新疆）

长辫上缀满贝饰的塔吉克族妇女（背面）

塔吉克族男子头饰（新疆）

扎红蓝黑三色包头的塔吉克族男子（新疆）

塔吉克族老人头饰（新疆）

塔吉克族男子喜欢戴带有帽翅的帽子（新疆）

塔吉克族少女头饰
（新疆）

塔吉克族妇女日常头饰
（新疆）

塔吉克族妇女头饰
（新疆）

塔吉克族婚礼头饰之一
（新疆）

塔吉克族少年的花帽
（新疆）

塔吉克族少女头饰（新疆）

塔吉克族新娘新郎头饰（新疆）

塔吉克族儿童头饰

塔吉克族妇女头饰（新疆）

塔吉克族妇女传统头饰（新疆）

塔吉克族舞蹈及传统服饰
（新疆 喀什 塔什库尔干）

塔吉克族手鼓、鹰笛及传统服饰
（新疆 喀什 塔什库尔干）

塔吉克族传统服饰（新疆 喀什 塔什库尔干）

塔吉克族妇女传统服饰（新疆 喀什 塔什库尔干）

塔吉克族传统歌舞及服饰
（新疆 喀什 塔什库尔干）

塔吉克族舞蹈及传统服饰
（新疆 喀什 塔什库尔干）

阿昌族

　　阿昌族是我国西南边疆的少数民族，分布在云南省德宏州的陇川、梁河、芒市及保山腾冲、龙陵等地区。

　　阿昌族服饰，女子穿蓝色或黑色对襟上衣和长裤，打黑色大包头，缀金银饰物、插花卉、吊彩色绒球，已婚妇女改穿筒裙，中年妇女多穿黑色土布上衣，戴高30多厘米的黑包头。女子传统头饰，在高冠包头上置以金盘、吊金链坠子、闪闪发光。男子穿对襟衣，着长裤、戴银项圈、挎长刀、裹包头，包头缀彩色小绒球，年轻男子缠白色包头，末端垂至后背腰部。

阿昌族妇女传统头饰
（云南 德宏）

阿昌族妇女传统头饰
金色头饰、银色项圈。

阿昌族女子高冠金盘头饰
（云南 德宏 陇川）

阿昌族少女头饰（云南 德宏）

阿昌族妇女传统头饰（云南 德宏）

阿昌族姑娘日常头饰（云南 德宏）

阿昌族青年头饰（云南 德宏）

阿昌族男子头饰（云南 德宏）

阿昌族青年头饰（云南 德宏）

阿昌族妇女服饰

阿昌族男子服饰

阿昌族妇女服饰

阿昌族女子高冠头饰（云南）

阿昌族妇女传统头饰
（云南 德宏）

阿昌族妇女银饰包头
（云南 德宏 陇川）

阿昌族妇女黑色高冠头饰
（云南 德宏）

阿昌族已婚妇女高包头饰

佩戴彩线绒球、白色包头、银项圈的阿昌青年
（云南 德宏）

阿昌族妇女服饰

阿昌族妇女传统服饰
（云南 德宏 陇川）

阿昌族传统服饰
（云南 德宏 梁河）

阿昌族女子传统服饰

阿昌族妇女传统服饰
（云南 保山 腾冲）

阿昌族姑娘和男子传统服饰
（云南 龙陵）

戴银饰、绒球的阿昌族妇女

阿昌族传统服饰
（云南 德宏 芒市）

普米族

　　普米族是我国西南地区的少数民族，主要分布在云南省宁蒗、兰坪，少数分布在丽江、永胜、维西、香格里拉、云县和凤庆等地。

　　普米族服饰，男子留长发、喜戴毡帽，插上羽毛和花卉，穿大襟上衣和宽大黑布长裤、扎绑腿、外罩长衫、系毛织腰带。女子蓄长发梳辫，用牦牛尾和丝线编入发辫缠绕于头，传统头饰还要包一块黑色头帕，长约3~5米，俗称"大包头"。有的喜欢把粗大的盘辫露在外面，在盘辫上装饰彩珠，发辫末端留得很长。妇女穿白色窄袖高领花边大襟短上和绣有红色绒线的百褶长裙，束绣图案、有线穗的羊毛腰带，扎绑腿、戴耳环、项挂玛瑙珠串、胸前佩戴银链。普米族儿童13岁以前，不分男女一律穿麻布大襟长衫，扎麻布腰带，戴耳环和银手镯。

普米族妇女传统头饰
（云南 丽江）

普米族老人日常头饰
（云南 丽江 宁蒗）

普米族歌手传统服饰
（云南 怒江 兰坪）

○普米族

普米族传统服饰
（云南 丽江 宁蒗）

普米族妇女服饰
（云南 丽江 宁蒗）

普米族姑娘头饰
（云南 丽江 永胜）

普米族女子头饰
（云南 丽江）

普米族男子日常头饰
（云南 丽江 永胜）

普米族男子头饰
（云南 怒江 兰坪）

普米族男子日常头饰
（云南 丽江 宁蒗）

普米族妇女传统头饰（云南 丽江 宁蒗）

普米族姑娘传统头饰（云南 丽江 宁蒗）

普米族妇女传统头饰（云南 丽江）

普米族女子头饰（云南 丽江 宁蒗）

普米族老人头饰（云南 怒江 兰坪）

普米族妇女头饰（云南 怒江 兰坪）

普米族已婚妇女标志性黑色大包头头饰
（云南 怒江 兰坪）

普米族传统服饰
（云南 丽江 永胜）

普米族服饰
（云南 怒江 兰坪）

普米族传统服饰
（云南 怒江 兰坪）

普米族妇女传统服饰
（云南 丽江 宁蒗）

鄂温克族

　　鄂温克族是我国东北、内蒙古地区的少数民族，主要分布在呼伦贝尔的陈巴尔虎旗、扎兰屯市、阿荣旗、额尔古纳市、莫力达瓦，以及黑龙江讷河市等地。

　　鄂温克族服饰，极具北方大草原民族的特点，男女都穿高领、斜襟、襟边镶有色带的开衩长袍和长裤，穿皮靴。妇女戴护耳皮毛帽，尖顶缀红缨穗，或戴尖顶高帽。男子喜戴尖顶帽，帽尖飘红缨穗。

鄂温克族妇女传统头饰
（内蒙古 呼伦贝尔）

鄂温克族妇女传统头饰
（内蒙古）

鄂温克族妇女传统头饰
（内蒙古）

鄂温克族女子传统头饰
（内蒙古）

鄂温克族妇女日常头饰
（内蒙古）

鄂温克族女子头饰
（内蒙古）

鄂温克族女子服饰
（内蒙古）

鄂温克族男子传统头饰
（内蒙古）

鄂温克族妇女头饰

鄂温克族传统服饰
（内蒙古）

鄂温克族服饰和舞蹈（内蒙古）　　　　　　鄂温克族传统服饰和舞蹈（内蒙古）

鄂温克族女子头饰
（内蒙古）

鄂温克族少年服饰（内蒙古）

鄂温克族妇女传统服饰
（内蒙古）

鄂温克族传统服饰
（内蒙古）

鄂温克族女子服饰
（内蒙古）

鄂温克族姑娘服饰

怒族

　　怒族是我国西南地区的少数民族，主要分布在云南省怒江州的泸水、福贡、贡山县，兰坪和维西县也有少量分布。

　　怒族服饰，男子穿蓝色细横条花麻布长大褂、无领、无扣，一般都带长刀、弩弓箭囊，扎绑腿。怒江北部喜戴藏式毡帽，南部则以青黑布缠头。女子服饰，有的穿浅色长衫、深色领袖，系竖条纹花围裙和横条彩色花腰带，梳加绒辫发混缠盘桓髻，饰以两管银筒和红穗，银筒末端红穗垂于头右侧，戴银耳坠、珠贝项链；有的穿浅色短衫、红领袖、白底蓝色直条花百褶长裙，头戴红白彩珠穿制的珍珠帽，胸前斜挂着十几串彩珠。

怒族妇女传统头饰
（云南 怒江）

怒族女子头饰
（云南 怒江）

怒族妇女红蓝绒线缠辫头饰
（云南 怒江）

怒族女子传统头饰
（云南 怒江）

怒族妇女传统头饰
（云南 怒江）

怒族老人传统头饰（云南 怒江 福贡）

怒族妇女日常头饰（云南 怒江）

怒族老人传统头饰（云南 怒江）

怒族妇女日常头饰（云南 怒江）

怒族姑娘日常头饰（云南 怒江）

怒族新郎新娘服饰（云南 怒江）

怒族姑娘传统头饰（云南 怒江）

怒族老年妇女头饰（云南 怒江 福贡）
头饰为珊瑚珠和玛瑙珠串成齐额珠帽。

怒族男子的白帽红绸穗头饰

怒族妇女头饰
（云南 怒江）

怒族老年妇女头饰
（云南 怒江）

怒族男子头饰（云南）

怒族男子日常头饰（云南）

怒族男子头饰（云南）

怒族传统服饰（云南 怒江）　　　　　　怒族传统服饰（云南 怒江）

怒族传统服饰
（云南 怒江）

怒族传统服饰
（云南 怒江）

怒族服饰（云南 怒江）

怒族男子传统服饰
（云南 怒江）

京族

　　京族是我国南部地区的少数民族，主要聚居在广西壮族自治区防城港市东兴市江平镇的澫尾、山心、巫头三个海岛上。

　　京族服饰简洁明丽，适应南方海洋性气候，妇女一般穿白色或浅色无领短上衣，穿黑色宽大长裤、赤脚或穿凉鞋。少女包青布头、戴缀花笋叶斗笠。男子穿对襟上衣，着宽大长裤，头饰剪发、戴斗笠，与汉族无异。

京族妇女传统头饰（广西）

○京族

京族女子头饰
（广西）

京族妇女日常头饰
（广西）

京族姑娘斗笠缀花头饰
（广西）

京族少女日常头饰
（广西）

京族妇女传统服饰
（广西）

京族男子头饰（广西）

京族女青年头饰（广西）

京族妇女头饰（广西）

京族女子服饰
（广西）

京族妇女传统服饰
（广西）

京族妇女传统服饰
（广西）

京族传统服饰
（广西）

京族音乐舞蹈及服饰
（广西）

基诺族

　　基诺族是我国西南地区的少数民族，主要聚居在云南省的西双版纳景洪、勐腊县地区。

　　基诺族服饰，男子穿无领对襟黑白花格小褂，无纽扣，前襟和胸部绣有红色和蓝色花条，背部绣有彩花纹图案，下穿宽大的长裤，裹白绑腿。男子头饰，扎黑布包头，盘式包头末端或绣图案，或留彩穗，或缀垂缨，耳饰花卉绿叶，也有以动物尾巴或禽鸟羽毛饰帽的，古朴而神秘。女子服饰，穿对襟红、蓝、黄花条纹小褂，袖子镶有图案花纹布条，胸前围三角形花布"围腰"，下穿红布镶边的黑色合围短裙，头梳螺髻发式，戴白色尖顶三角披风帽，戴耳环或竹木铜耳塞，缀花草。节日盛装尖顶帽头缀两串银珠，红丝彩绒上缀圆形银饰，戴银项圈和珠串，风姿华丽。

基诺族姑娘传统头饰
（云南 西双版纳 景洪）

基诺族妇女传统头饰
（云南 西双版纳）

基诺族妇女银珠彩绒螺髻头饰
（云南 西双版纳 勐腊）

○基诺族

基诺族女子头饰
（云南 西双版纳）

基诺族妇女传统头饰

基诺族姑娘日常头饰
（云南 西双版纳 景洪）

基诺族妇女头饰及背上的月亮花

基诺族姑娘头饰
（云南 西双版纳 景洪）

基诺族妇女藏青色头饰

基诺族老人头饰
（云南 西双版纳 景洪）

基诺族男子传统头饰　　　　　　　基诺族男子头饰　　　　　　基诺族男子日常头饰
（云南 西双版纳 景洪）　　　（云南 西双版纳 景洪）　　（云南 西双版纳 景洪）

基诺族男子用兽尾禽毛装点的头饰　　基诺族男子盘式缀缨头饰　　基诺族男子羽毛头饰
（云南 西双版纳 景洪）　　　　（云南 西双版纳）　　　　（云南 西双版纳）

基诺族祭祀长老头饰
（云南 西双版纳）

基诺族男子盘式缀缨头饰
（云南 西双版纳）

基诺族姑娘头饰
（云南 西双版纳 景洪）

基诺族传统服饰（云南 西双版纳）

基诺族传统服饰（云南 西双版纳 景洪）

基诺族妇女传统服饰（云南 西双版纳）　　基诺族传统服饰及舞蹈（云南 西双版纳 景洪）

基诺族传统服饰及太阳鼓舞
（云南 西双版纳 景洪）

基诺族男子传统服饰及太阳鼓舞
（云南 西双版纳 景洪）

德昂族

德昂族是我国西南地区的少数民族，主要分布在云南省德宏州的芒市、瑞丽、陇川、梁河县及临沧、保山地区。

德昂族服饰，男子穿黑色或蓝色圆领大襟短衫，裤短而宽大，裹黑布或白布包头，两端系五彩绒球。女子穿蓝色或黑色对襟上衣，襟边和下摆边镶红布条和彩色小绒球，以大方块银牌作扣饰，下穿长筒裙，扎藤篾腰箍。男女都戴银项圈、银耳筒、银耳坠，耳坠上饰以绒球，小伙子在胸前挂一串五色绒球，而姑娘则把五色绒球装饰在衣领外，犹如数十朵鲜花开放在她们的胸前和项颈间，鲜艳夺目，别具一格。

德昂族姑娘传统头饰
（云南 德宏 梁河）

缀满五彩绒球的德昂族青年男女头饰
（云南 德宏 芒市）

德昂族男子传统头饰
（云南 德宏）

德昂族姑娘彩珠绒线头饰
（云南 德宏 梁河）

德昂族妇女传统头饰
（云南 德宏 芒市）

○德昂族

银耳筒、大红绒球是德昂族妇女的传统头饰（云南 德宏 芒市）

德昂族少女传统头饰（云南 德宏 梁河）

德昂族妇女头饰

德昂族女子头饰（云南 德宏 梁河）

德昂族老人银丝红线头饰（云南 德宏 梁河）

德昂族妇女头饰

德昂族少女头饰（云南 德宏 陇川）

德昂族女子头饰（云南 德宏 梁河）

德昂族妇女头饰（云南 德宏 芒市）

德昂族传统服饰（云南 德宏 芒市）

德昂族传统服饰与花节（云南 保山 龙陵）

绒球黑包头装饰的德昂族妇女
（云南 德宏 芒市）

德昂族传统服饰
（云南 保山 龙陵）

德昂族妇女服饰
（云南 德宏 陇川）

吹芦笙的德昂族男子
（云南 德宏 芒市）

1950 年，德昂族老人头饰
（云南 德宏）

德昂族男子头饰
（云南 德宏）

德昂族新郎新娘头饰服饰

头饰背面

德昂族妇女传统服饰
（云南 德宏）

德昂族传统服饰
（云南 德宏 梁河）

德昂族妇女服饰
（云南 保山）

德昂族土风舞及节日传统服饰
（云南 德宏）

德昂族传统服饰
（云南 德宏 芒市）

德昂族传统服饰
（云南 德宏 梁河）

保安族

保安族是我国西北地区的少数民族，主要居住在甘肃省积石山保安族东乡族撒拉族自治县。

保安族服饰简洁，崇尚白色。男子喜欢穿白衬衫，戴圆顶无檐小帽（又称"号帽"）。妇女喜欢戴"盖头"，还戴一种类似包头的帽子，右侧缀以花卉及红绿彩带。青年女子披绿纱头巾，老年妇女披黑纱头巾。

保安族妇女传统头饰
（甘肃）

保安族妇女传统头饰（甘肃）

保安族女子传统头饰（甘肃）

○保安族

保安族妇女传统头饰（甘肃）

保安族老人传统头饰（甘肃）

保安族女子头饰（甘肃）

保安族妇女日常头饰（甘肃）

保安族姑娘头饰（甘肃）

保安族老人头饰（甘肃）

保安族男子头饰（甘肃）

保安族男子头饰（甘肃）

保安族传统服饰
（甘肃）

保安族传统服饰
（甘肃）

保安族服饰
（甘肃）

保安族妇女传统服饰
（甘肃）

保安族传统服饰
（甘肃）

保安族服饰
（甘肃）

俄罗斯族

　　俄罗斯族是我国西北地区的少数民族，主要居住在新疆伊犁、塔城、阿勒泰和乌鲁木齐等地，少数散居在黑龙江、内蒙古，还有少数居住在北京、上海、辽宁、甘肃、青海等省市。

　　俄罗斯族服饰丰富多彩，男子穿制服西装、马裤、皮靴或皮鞋。女子喜穿"布拉吉"连衣裙。老年人衣着多与前苏联的俄罗斯族相似，年轻人则爱追逐时尚潮流，穿各式时装。俄罗斯族喜爱蓝色，男子头饰多卷发、戴礼帽，妇女喜戴各色头巾，耳环、钻戒等饰物。

俄罗斯族妇女头饰
（新疆）

俄罗斯族妇女头饰（黑龙江）

俄罗斯族妇女头饰（内蒙古）

俄罗斯族女子头饰
（黑龙江）

俄罗斯族女子古典传统头饰

俄罗斯族老人日常头饰
（新疆）

俄罗斯族妇女日常头饰

俄罗斯族老人传统头饰

俄罗斯族妇女头饰（新疆）

俄罗斯族女子头饰（黑龙江）

俄罗斯族妇女日常头饰
（内蒙古）

俄罗斯族姑娘头饰
（内蒙古）

俄罗斯族男子日常头饰
（内蒙古）

俄罗斯族男子头饰

俄罗斯族传统服饰

俄罗斯族传统服饰　　　　　　　　　俄罗斯族服饰

俄罗斯族传统服饰及舞蹈

裕固族

　　裕固族是我国西北地区的少数民族，主要居住在甘肃省，少数居住在青海省祁连县。

　　裕固族服饰，穿着以袍式为主，男子穿氆氇长衫，束红、蓝色腰带，穿高筒靴，头戴圆头平顶白毡帽或礼帽。冬天，无论男女都戴狐皮风毡帽。女子穿高领长袍，外套高领坎肩，衣领、袖口、襟边绣有图案花纹，头戴喇叭形红缨帽。少女前额戴有"格克则衣摆"头饰，用一条红布带缀上各色珊瑚珠，下垂一排五彩玉石、珊瑚珠帘。已婚妇女戴长形的头面：将头发梳成三条大辫子，一条垂背后，两条在胸前，辫子上缀有银牌、彩珠、珊瑚、贝壳等饰物。

　　裕固族女子还戴一种"盘羊角"形头饰，形象典雅独特。

裕固族妇女传统头饰
（甘肃 张掖 肃南）

裕固族妇女传统头饰服饰
（甘肃）

裕固族妇女盘羊角形头饰
（青海）

裕固族女孩头饰
（甘肃）

裕固族男孩头饰
（甘肃）

裕固族男子毡帽头饰
（甘肃）

裕固族老人头饰

裕固族新娘出嫁
戴三角形头面（甘肃）

裕固族女孩传统头饰（青海）　　裕固族女孩传统头饰（青海）　　裕固族女子传统头饰（青海）

裕固族女童头饰（甘肃）　　裕固族妇女头饰（甘肃）　　裕固族妇女头饰侧面（甘肃）

裕固族头饰及红缨帽

裕固族男子头饰
（甘肃）

裕固族男子日常头饰
（青海）

裕固族妇女尖帽及头饰（青海）

裕固族妇女服饰背面（青海）

裕固族舞蹈及服饰（甘肃）

裕固族传统服饰（甘肃）　　　　　裕固族传统服饰（青海）

乌孜别克族

　　乌孜别克族是我国西北地区的少数民族，散居新疆各地，主要分布在伊宁、塔城、喀什、叶城、库车、莎车、昌吉、乌鲁木齐等地。

　　乌孜别克族服饰五彩缤纷、款式独特，美观大方。男子喜欢穿短袖衬衣，袖口、领口用五光十色的丝线绣着各种美丽图案。妇女则喜欢穿连衣裙，并缀上彩珠和亮片，胸前绣着花纹图案，华丽多姿。男女都爱戴花帽。花帽分为花、素两种，花的用艳丽的五彩丝线绣成图案；素的以墨绿丝线为底料，用小珠、亮片绣出简朴大方的图案，凝重端庄，古朴典雅。

乌孜别克族妇女传统头饰
（新疆）

乌孜别克族传统妇女头饰（新疆）　　　　乌孜别克族女子头饰（新疆）

乌孜别克族妇女传统头饰
（新疆）

乌孜别克族妇女头饰
（新疆）

乌孜别克族男子传统头饰
（新疆）

乌孜别克族老人头饰

乌孜别克族妇女头饰

乌孜别克族男子头饰

乌孜别克族演员头饰

乌孜别克族姑娘传统头饰
（新疆）

乌孜别克族珠宝羽饰大包头
（新疆）

戴面纱的乌孜别克族妇女
（新疆）

乌孜别克族节日音乐服饰
（新疆）

乌孜别克族传统服饰及舞蹈（新疆）

乌孜别克族传统服饰（新疆）

乌孜别克族妇女传统服饰（新疆）

乌孜别克族舞蹈《响铃飞舞》及服饰

乌孜别克族舞蹈及传统服饰（新疆）

门巴族

门巴族是我国西南边疆少数民族，主要聚居在西藏门隅，以及墨脱、林芝、错那等地。

门巴族服饰，男女都喜欢穿红色氆氇长袍，戴帽檐留有一缺口的小帽或黑牦毡帽，脚穿牛皮软底筒靴。墨脱地区男女一般穿长短两种上衣，妇女爱穿长条花色裙子，系白围裙。邦金以南地区，妇女戴盔式毡帽，插孔雀翎，有的帽檐下还坠若干条飘穗。门巴族男子蓄发、戴耳饰，腰间常挂一把砍刀。女子梳辫，衬以红、黄、绿线，盘绕于头或帽上。男女都佩戴绿松石耳环，以及玛瑙珠串项链、手镯、戒指等饰物。

门巴族妇女传统头饰
（西藏）

门巴族青年盛装婚礼头饰
（西藏）

戴"巴尔嘎"帽传统头饰的门巴族妇女
（西藏）

戴"巴尔嘎"帽的门巴族妇女

门巴族妇女日常头饰

门巴族妇女传统头饰
（西藏）

门巴族妇女头饰

门巴族妇女传统头饰
（西藏）

门巴族老人传统头饰
（西藏）

门巴族青年盛装婚礼头饰
（西藏）

门巴族男子传统头饰
（西藏）

门巴族青年头饰
（西藏）

门巴族男子头饰
（西藏）

门巴族青年日常服饰
（西藏）

门巴族传统服饰
（西藏）

20 世纪 50 年代，门
巴族妇女服饰

门巴族传统服饰
（西藏）

门巴族传统服饰
（西藏）

门巴族女子服饰
（西藏）

门巴族舞蹈及服饰
（西藏）

鄂伦春族

　　鄂伦春族是我国东北的少数民族，主要分布在内蒙古呼伦贝尔市，以及黑龙江呼玛、逊克、黑河、嘉荫等地。

　　鄂伦春族生活在大兴安岭，服饰保留着些许游猎民族的特点，爱穿御寒、耐磨的狍子皮装。传统袍子为高领斜襟，多以黑、红、黄、蓝原色作为边饰，服饰图案纹样古朴、粗犷、美观大方。男女老少都系腰带、穿长裤、着皮靴、戴皮毛帽，有的帽顶装饰狍子头角或兽尾。妇女戴绣有图案、镶有珠宝的额带帽圈，左右两侧垂两条或数条彩色珠串。

鄂伦春族女子传统服饰
（内蒙古）

鄂伦春族妇女传统头饰
（内蒙古）

鄂伦春族姑娘头饰
（内蒙古）

鄂伦春族妇女头饰

鄂伦春族妇女头饰

鄂伦春族女子头饰

鄂伦春族妇女日常头饰

鄂伦春族男子头饰（内蒙古）

鄂伦春族妇女头饰

19 世纪 30 年代，鄂伦春人
的"萨满"头饰
（黑龙江）

鄂伦春族男子日常头饰
（黑龙江）

鄂伦春族老人头饰
（内蒙古）

1950 年，鄂伦春族儿童
传统头饰（内蒙古）

鄂伦春族"萨满"脸部画色的头饰
（黑龙江）

1950 年，鄂伦春族男子传统头饰
（内蒙古）

鄂伦春族男子头饰
（黑龙江）

1950 年，鄂伦春族男子传统服饰
（内蒙古 呼伦贝尔）

清代《皇清职贡图》中鄂伦春族形象

鄂伦春族传统服饰
（内蒙古）

1950 年，鄂伦春族日常服饰

鄂伦春族妇女传统服饰
（内蒙古）

鄂伦春族传统服饰
（内蒙古）

鄂伦春族妇女儿童传统服饰
（内蒙古）

鄂伦春族妇女服饰
（内蒙古）

独龙族

独龙族是我国西南边疆的少数民族，主要居住在云南省贡山县和独龙江河谷，部分散居在怒江沿岸。

独龙族服饰，衣着较原始简单，男女都用一块称为"约多"的条纹麻布围身，自左肩腋下抄向前胸，用草绳或竹针栓结，如今独龙族虽然穿着现代服饰，但仍然喜欢把"约多"披在身上。男女头饰原始，蓬头而稍加修饰的发式至今很常见，如蓬头式、锅盖头等。现代独龙族妇女多包彩色头巾，喜欢戴耳环、手镯，有的还在头上和项上佩戴各种料珠。男子喜欢带腰刀和箭弩。老年妇女留有文面遗风。

独龙族妇女传统服饰
（云南 怒江）

独龙族文面头饰
（云南 怒江 贡山）

独龙族少女花环头饰
（云南 怒江）

独龙族青年头饰

独龙族文面妇女　　　　　　独龙族文面妇女头饰　　　　　独龙族妇女
（云南　怒江　贡山）　　　　（云南　怒江）　　　　　　（云南　怒江　贡山）

独龙族文面妇女头饰
（云南 怒江）

独龙族老年妇女
（云南 怒江 贡山）

独龙族老年妇女
（云南 怒江）

独龙族姑娘头饰
（云南 怒江 贡山）

独龙族妇女
（云南 怒江）

独龙族女子头饰
（云南 怒江）

20世纪50年代独龙族男子服饰
（云南 怒江 贡山）

20世纪50年代独龙族女子服饰
（云南 怒江 贡山）

独龙族女子服饰

独龙族女子传统服饰

独龙族妇女服饰
（云南 怒江 贡山）

独龙族传统服饰及藤索桥

独龙族妇女日常服饰
（云南 怒江）

独龙族民间舞蹈及服饰

独龙族民间舞蹈及服饰

独龙族铓锣舞及服饰

塔塔尔族

　　塔塔尔族是我国西北地区的少数民族，主要居住在新疆境内，多数居住在伊宁、塔城、乌鲁木齐等城市，少数居住在奇台、吉木萨尔、阿勒泰等县（市）牧区。

　　塔塔尔服饰，无论男女老少都喜爱穿绣花白衬衣，在领口、袖口、胸前均绣有十字花纹或花草纹样。男子在衬衣外套上一件黑色齐腰短背心或黑色对襟长衫，下穿黑色长裤，脚穿马靴。男子还讲究佩戴皮帽，有"土马克"三叶帽、"库拉帕垫"圆锥体尖尖帽及白毡缝制的船形帽。塔塔尔族妇女喜欢穿白色、黄色或紫色、红色连衣裙和半绉长裙。老年妇女多穿黑色或其他深色长裙，穿皮靴或绣花鞋。塔塔尔族非常喜爱各色小花帽，佩戴各种金银珠宝、玛瑙等首饰。有的妇女还喜欢扎粗丝与网纱编织的方形大头巾。

塔塔尔族姑娘传统头饰
（新疆）

塔塔尔族少女头饰
（新疆）

塔塔尔族姑娘传统头饰（新疆）

塔塔尔族老人头饰（新疆）

塔塔尔族妇女传统头饰（新疆）

塔塔尔族妇女头饰（新疆）

塔塔尔族姑娘头饰（新疆）

塔塔尔族少女传统头饰（新疆）

塔塔尔族妇女珠宝头饰（新疆）

塔塔尔族妇女传统头饰（新疆）

塔塔尔族女子头饰（新疆）

塔塔尔族男子头饰（新疆）

塔塔尔族老人头饰（新疆）

塔塔尔族男子头饰（新疆）

塔塔尔族青年头饰（新疆）

塔塔尔族妇女头饰（新疆）

塔塔尔族老人头饰（新疆）

塔塔尔族传统服饰（新疆）

塔塔尔族妇女传统服饰（新疆）

塔塔尔族少女服饰（新疆）

塔塔尔族姑娘头饰（新疆）

塔塔尔族妇女头饰（新疆）

塔塔尔族妇女服饰
（新疆）

塔塔尔族舞蹈及传统服饰
（新疆）

塔塔尔族青年与老人服饰
（新疆）

赫哲族

赫哲族是我国东北地区的少数民族，主要分布在黑龙江、松花江、乌苏里江沿岸。

赫哲族服饰，过去都用鹿皮和鱼皮、狍皮制作。妇女的衣服多用色布，边缀铜铃，与铠甲相似。一般外衣为皮质，内衣为布料。

赫哲族男子喜欢戴皮毛帽。妇女的传统头饰，是一种圆顶护耳皮帽，帽顶缀一片羽毛，护耳两侧绣有花卉图案，古朴而别致。

赫哲族妇女传统头饰
（黑龙江）

赫哲族妇女传统头饰
（黑龙江）

赫哲族少女头饰
（黑龙江）

赫哲族妇女羽毛帽护耳头饰
（黑龙江）

赫哲族妇女用鳇鱼皮做的服饰（黑龙江）

赫哲族妇女头巾图案

赫哲族老人头饰（黑龙江）

赫哲族祭司头饰（黑龙江）

赫哲族男子头饰（黑龙江）

赫哲族青年头饰（黑龙江）

赫哲族妇女节日头饰
（黑龙江）

赫哲族妇女传统头饰
（黑龙江）

赫哲族妇女头饰
（黑龙江）

赫哲族男子头饰
（黑龙江）

赫哲族女子头饰
（黑龙江）

赫哲族传统服饰
（黑龙江）

赫哲族男子头饰

赫哲族男子传统头饰
（黑龙江）

赫哲族青年头饰
（黑龙江）

赫哲族妇女日常服饰（黑龙江）

赫哲族传统服饰（黑龙江）

赫哲族传统日常服饰（黑龙江）

赫哲族宗教祭祀及传统服饰
（黑龙江）

赫哲族舞蹈及传统服饰
（黑龙江）

赫哲族"乌日贡"节
日的舞蹈及服饰

高山族

　　高山族主要居住在我国台湾的山区和东部沿海纵谷平原及兰屿岛上，其余散布在我国大陆东南沿海的一些大中城市。

　　高山族服饰因地区、支系而异，款式纷繁，装饰复杂，喜用红、黄、青、蓝等颜色及贝壳珠饰。有的地区仍保留着具有民族特色的较原始的衣服装饰。高山族妇女戴藤盔和帽子，往往插上一支色彩鲜艳的鸟类羽毛，有的还把鹿角雕成钗，在上端插上雉尾。高山族男子不戴帽，则把头发卷起来，用缀有各色流苏的头巾包拢头发。高山族服饰各支系都不同，纷繁复杂，丰富多彩。如最突出的是麻布上的红色刺绣，并缀以闪闪发亮、密密麻麻的贝壳珠饰，这种"贝珠衣"是高山族酋长和有身份的人才能穿的，显示了一种与众不同的权力和尊严。

高山族少女传统头饰
（台湾）

高山族妇女传统头饰（台湾）

高山族妇女头饰（台湾）

高山族妇女白绿巾帕头饰

高山族妇女头饰
（福建 漳州）

高山族老年妇女文面头饰
（台湾）

高山族男子头饰
（台湾）

高山族卑南人男子花卉头饰
（台湾）

高山族男子头饰
（台湾）

高山族妇女传统头饰
（台湾）

高山族姑娘传统头饰
（台湾）

高山族男子头饰

高山族雅美人男子头饰（台湾）

戴红色包头的高山族男子

高山族女子节日头饰

高山族男子节日头饰

高山族男子花卉传统头饰（台湾）

头饰用兽骨、羽毛、花卉组成。

高山族男子传统头饰（台湾）

高山族『勇士舞』珠串、蛇形羽毛头饰（台湾）

高山族排湾人妇女头饰

高山族妇女头饰
（福建 漳州）

高山族曹人女子头饰
（台湾）

高山族妇女头饰
（台湾）

高山族老人文面头饰
（台湾）

高山族赛夏人少女头饰
（台湾）

高山族排湾人老人头饰
（台湾）

高山族鲁凯人妇女头饰
（台湾）

高山族老人头饰（福建 漳州）

高山族妇女头饰（福建）

高山族泰雅人妇女头饰（台湾）

高山族布农人妇女头饰（台湾）

高山族阿美人妇女头饰（台湾）

高山族阿美人男子头饰（台湾）

高山族阿美人妇女头饰（台湾）

○高山族

节日中的高山族男子

20 世纪 50 年代，高山族传统服饰（台湾）

20 世纪 50 年代，高山族传统服饰（台湾）

20 世纪 50 年代，高山族传统服饰（台湾）

高山族妇女传统服饰（福建）

高山族节日传统服饰
（福建）

高山族舞蹈及传统服饰
（台湾）

高山族男子头饰
（台湾）

珞巴族

　　珞巴族是我国西南边疆地区人数较少的民族，主要分布在西藏自治区东南部的珞隅地区，少数聚居在米林、墨脱、察隅、隆子、朗县。

　　珞巴族服饰，北部的珞巴族男子，一般穿羊毛织的长到腹部的黑色套头坎肩，背上披一块野牛皮，用皮条系在肩上，腰间挂弓箭、长刀等物。珞巴族男子头饰，多戴竹、藤编的冠帽，或戴额箍、缀彩带，长发飘飘，还戴熊皮帽或兽皮帽，后拖披风，显得粗犷而威武。珞巴族妇女，上身穿麻织圆领窄袖短衬和下围及膝的羊毛筒裙，小腿扎整片裹腿，戴银或铜制耳环、手镯和松耳石项链、铜铃、小刀、贝壳等饰品。珞巴族妇女头饰，多梳长辫，或垂于胸前，或与彩线混缠盘于头顶，缀以银牌、银链，喜戴玛瑙、珊瑚、珠贝项链，华丽美观。

珞巴族女子服饰（西藏）

珞巴族妇女原始头饰
（西藏）

珞巴族妇女传统头饰
（西藏）

珞巴族女子头饰

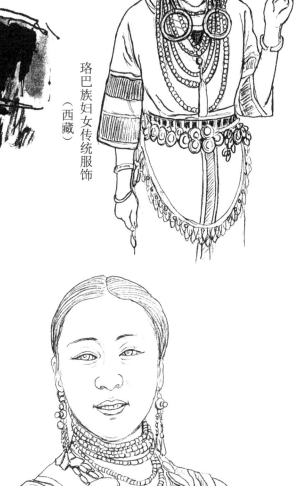

珞巴族妇女传统服饰
（西藏）

珞巴族妇女传统头饰
（西藏）

珞巴族妇女头饰
（西藏）

珞巴族男子头饰
（西藏）

珞巴族男子兽皮帽头饰
（西藏）

珞巴族男子原始头饰（西藏）　　　珞巴族男子传统头饰（西藏）　　　戴彩珠彩带的珞巴族男子头饰

珞巴族男子原始服饰
（西藏）

珞巴族熊皮帽

20 世纪 50 年代，珞巴族男子熊皮帽头饰
（西藏）

珞巴族青年头饰
（西藏）

珞巴族男子原始头饰
（西藏）

珞巴族男子传统头饰
（西藏）

珞巴族传统服饰
（西藏）

珞巴族原始服饰
（西藏）

珞巴族服饰
（西藏）

珞巴族服饰
（西藏）

珞巴族服饰
（西藏）

珞巴族传统服饰
（西藏）

珞巴族一家
（西藏）

后记

中华民族有 5000 多年的文明史，56 个民族衣冠绚丽多彩，服饰精美绝伦。

古人类由披发而束发，结草束叶而遮体，椎髻蓄辫、戴冠披巾而逐渐形成丰富多彩的衣冠服饰。它是一面民族历史、文化的镜子，涉及民族学、宗教学、民俗学，以及哲学、美学、艺术等等，它代表的是一种民族历史、一种民族文化、一种民族艺术，它也是一个民族的象征。民族衣冠服饰既是物质的，也是非物质的民族文化遗产。

绘者 1956—1999 年，曾在云南新闻及出版传媒业供职 43 个春秋，与边疆兄弟民族同甘苦共命运，结下不解情缘。一位画家朋友说："艺术家有着一条民族文化的根，这条根将终生连着你，永远抹不去的感情。"花甲退休后，创作编绘了《中国·云南少数民族图谱》《中华民族服饰 900 例》。既感叹中华民族服饰文化琳琅满目、博大精深，又为原始的、精美的传统民族服饰迅速消失感到忧心。接着用 10 年时间画成《中国民族头饰》。由于种种原因，直到 2017 年春初才改名《中国少数民族绘本》出版。汉族服饰被删除了，留下些许遗憾。

现将 2002 年《中华民族服饰 900 例》和《中国民族头饰》白描稿 1100 多例，编汇在一起，题名《中国民族服饰白描 2200 例》。期望用图像保存一份中国各民族衣冠服饰资料，让世人感受到中华民族服饰文化的洋洋大观；也起到一个抛砖引玉的作用，期待有志之士关注少数民族"非遗"文化，了却绘者暮年对国家、社会感恩回报的梦想。

由于种种原因，本书的出版遇到不少困难和周折。今蒙云南美术出版社领导的关注和支持，能在耄耋之年实现梦想，倍感欣慰，并表示衷心感谢。

本书资料丰富真实，除作者 40 多年美编工作积累外，查阅了大量有关中国民族的书刊、画报、摄影作品。对于本书所参考的和书刊、画报、摄影作品所涉及的单位和作者、画家和摄影家，本人深表感激和谢意。

本书编绘工程艰巨细致，前后历时 16 年，虽然完稿，仍留下不少遗憾，一些新发现的少数民族衣冠服饰未能编入，更限于个人学识和水平，年事已高，力不从心，难免疏漏和错误，还望专家和读者指正。

从 2017 年 8 月开展修整图片，到如今近 5 年，本书经历诸多周折，终于付梓。衷心感谢社领导和为本书付出辛劳的同行。

编者

2020 年 9 月

参考书目

《兄弟民族形象服饰资料》（1976-1977）。北京特种工艺美术公司和云南省工艺美术公司、四川省工艺美术研究所，上海工艺美术研究室、贵州省工艺美术研究室和贵阳市工艺美术研究所、新疆维吾尔自治区轻工业局和江苏省轻工业局编绘小组编绘的部分内部资料。

《中国少数民族风情》，吴亦频编辑，香港和平图书有限公司出版，1991。

《云南风情旅游》，云南民族出版社，1991。

《云南》，云南人民出版社，1988。

《三都水族自治县概况》，贵州人民出版社，1986。

《怒江傈僳族自治州概况》，云南民族出版社，1986。

《黔西南布依族自治州概况》，贵州民族出版社，1985。

《中国西部少数民族服饰》，四川教育出版社，1993。

《七彩乐土－云南民族大观》，云南人民出版社，2002。

《云岭之华－云南少数民族写真集》，云南美术出版社，1998。

《云南少数民族图库》，云南美术出版社，2005。

《中国少数民族风情大观》，中国民族摄影艺术出版社，1992。

《高山族风情录》，陈国强著，四川民族出版社，1998。

《塔塔尔族风情录》，李强著，四川民族出版社，1998。

《塔吉克族风情录》，吕静涛著，四川民族出版社，1998。

《务川仡佬族苗族自治县概况》，贵州民族出版社，1987。

《道真仡佬族苗族自治县概况》，贵州民族出版社，1998。

《白族民间舞蹈》，云南民族出版社，1994。

《云南民族文化艺术》，云南人民出版社，1991。

《故宫珍藏人物照片荟萃》，紫禁城出版社，1994。

《民族服饰：一种文化符号——中国西南少数民族服饰文化研究》，邓启耀著，云南人民出版社，1991。

《哈萨克族民族风情录》，李肖兵主编，四川民族出版社，1998。

《五十六个民族五十六朵花》，云南教育出版社，1997。

《中国少数民族服饰》，香港，1991。

ETHNIC COSTUMES AND CLOTHING DECORATIO-NSFROM CHINA
Hai Teng publishing Compang Ltd Sichuan people's publishing House. 香港，1991。

杂志：
《中国民族》（民族团结）、《人民中国》、《民族》、《大众电影》、《中国妇女》、《中国青年》、《人像摄影》、《中国摄影》、《山茶》、《中国国家地理》。

画报：
《人民画报》、《民族画报》、《云南画报》、《四川画报》、《新疆画报》、《福建画报》、《城市画报》、《星火画报》（苏联）。